↓ Alasdair McLellan攝，2012年11月

珍妮佛·勞倫斯（Jennifer Lawrence）這位奧斯卡得主、血腥的奇幻片《飢餓遊戲》（The Hunger Games）的女主角，是當代的夢幻女郎，身穿出自Dolce & Gabbana的貼花透明蕾絲禮服。儘管擁有傲人曲線和隱藏不住的性感，這位成長於肯塔基州的女演員更像個帶點男孩子氣的野丫頭，而非誘人的女子，此時她正學著習慣穿著禮服，在出席星光熠熠的頒獎典禮時讓裙擺撫過紅地毯。她已由幾次失誤中得到教訓了：金球獎時因曝露太多大腿，讓人覺得她的造型師是不是有點失職；2013年上台領取奧斯卡時，又不慎被Dior訂製服給絆倒。所幸，觀眾只有幾千萬人而已……

→ Cecil Beaton攝，1941年12月

羅絲曼·費洛斯小姐（Rosamond Fellowes）在嚴格戒備的戰爭配給時期嫁給詹姆斯·葛蘭史東（James Gladstone，譯注：他是首位被指派為加拿大參議員的印第安聞人）──沒有婚禮鐘聲，也沒有鮮花和可口的小蛋糕。儘管如此，擁有一件白色婚紗仍不為過吧：「就選蕾絲料子吧──不論你喜歡古董還是全新的布料，都一樣動人、一樣經濟實惠！」新娘的前拉斐爾式（Pre-Raphaelite）禮服是由Bianca Mosca所設計，整件以蕾絲製成，並縫上淺藍灰色緞帶，古典的頭紗曾為她的親戚馬爾伯洛公爵夫人（Duchess of Marlborough）所有，繫緊的帶子上還有新郎的軍團徽章。

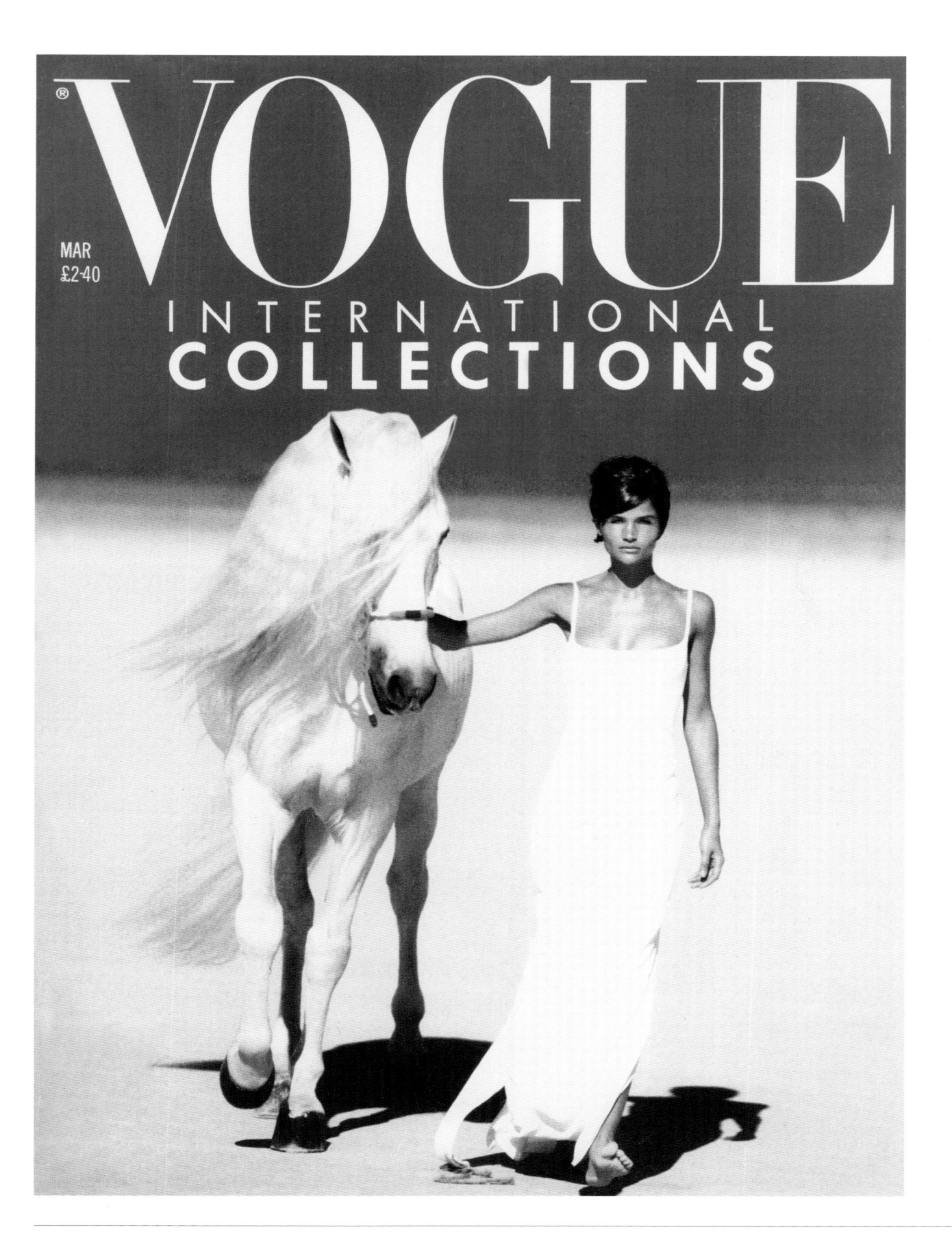

VOGUE

MAR
£2·40

INTERNATIONAL
COLLECTIONS

← **Benjamin Alexander Huseby 攝，2005 年 6 月**

Emanuel Ungaro 鑲了寶石的褶邊絲質紗織（muslin）舞會禮服那抹鮮活的藍，讓人精神一振，亦增添了勇氣。荷蘭模特兒 Kim Noorda 再配上褪色的牛仔褲，騎上駿馬來場海濱奔馳，多麼迷人的波希米亞風啊！

↑ **Peter Lindbergh 攝，1990 年 3 月**

這是一幕時尚的海市蜃樓：純潔無瑕的模特兒 Helena Christensen，身穿一襲 Giorgio di Sant' Angelo 的白絲質針禮服，赤腳領著一頭白色種馬，越過一片耀眼的沙漠平原。新的十年儼然到來，時尚已擺脫八〇年代的浮誇配件，進入一段標榜純色、乾淨線條與極簡的新時代。未來正如同夢境中所描述的：看看四周，你肯定會發誓自己曾見過獨角獸。

→ → **Arthur Elgort 攝，1990 年 6 月**

Christy Turlington 這身繡了珍珠的裙裝，炒熱了紐奧良狂歡節（Mardi Gras）的氣氛。香檳色的女公爵緞（duchesse satin）禮服出自 Victor Edelstein Couture，在這狂歡節的場子裡，還有誰能比 Turlington 更突出呢？

← **Nick Knight 攝，1995 年 5 月**

← **Nick Knight 攝，1995 年 5 月**

一段潔淨的海岸線，在正午的烈日照射下閃閃發亮，成了這則由 Nick Knight 掌鏡、Amber Valletta 和 Shalom Harlow 兩位模特兒好友合力演出，在東加勒比海巴布達島（Barbuda）詮釋童話故事的舞台。她們穿著 Isabell Kristensen 淡鴿子灰和桃色的古典禮服，雙雙現身於《VOGUE》最坦然的鄉愁氛圍中，令人想起攝影師 Coffin 在距這張照片四十年前拍的那道朦朧的浪漫畫面（見下圖）。「鐘形裙和緊身胸衣喚起了金色年代，」《VOGUE》描述著，「但白天看來又直又窄的輪廓，對傍晚來說卻十足現代。」

↓ **Clifford Coffin 攝，未刊登，1954 年**

迷人的蜂腰、露肩四重唱被簡化至僅剩下耳語，縹渺的影子被她們那無法辨識禮服上的貴重珠寶所打斷。《VOGUE》以此彰顯 Coffin 實驗性創作的開始，他以替《VOGUE》展現無可挑剔的優雅觀點而聞名，但遺憾的是，這些影像從未被刊載。

↑ **Frank Horvat 攝，1962 年 5 月**

身兼攝影記者與時尚攝影師身分的 Frank Horvat，為我們帶來一系列帶有稀奇古怪敘事法的時尚照，他常將服裝置於日常生活的情境中，以作為「真實人物」的配角，而讓畫面更為生動。在他的「揭露故事」（Uncover Story）專題中，晚禮服是一顆顆閃亮的星星。這張照片裡，由 Gossip 設計的蕾絲扇形領口搭配了一條厚重緞帶，被譽為「像春天般的美好」及「洛可可式的優雅」，而尼龍與絲混紡衣料易於打理的好處就更不在話下了……

↑ **Paolo Roversi 攝，2007 年 6 月**

Christian Dior 這襲糖果色女公爵緞禮服，像條河般潺潺地流過裙撐，以及模特兒 Daria Werbowy 的曼妙身段。但如此甜美奢華的魅惑被那雙赤足、剛起床般的凌亂髮型和傲慢氛圍給沖淡了，在現代寓言裡，公主似乎偏好較強勢的姿態呢！

→ **Craig McDean 攝，2006 年 6 月**

Kate Moss 在此傳授我們夏天的穿搭法則，她身著這件 John Galliano 替 Christian Dior 設計、釘著細皮帶的浸染薄紗禮服。作為時尚夢幻的偉大推動者，這位特立獨行的設計師自認為是「女性、浪漫、美麗衣裳」的仰慕者（他前幾年也這麼對《VOGUE》說過），這件當然也不例外囉！

← **Corinne Day 攝，2006年11月**

童話般的長袍這會兒以環保運動者之姿現身，就在《VOGUE》倉皇地與攝影師Corinne Day離開森林之際，為這一季的新派對服增添了些許韌性。模特兒Freja Beha Erichsen儼然是當代提塔尼亞（Titania，譯注：莎士比亞《仲夏夜之夢》中的童話女王），穿著Vivienne Westwood這件絲質緞面舞會禮服，還搭配了毛圍巾和過膝麂皮靴。

↓ **Nick Knight 攝，2003年4月**

訂製服季的戲碼，對於激發最富創意心智、以產生更狂野的想像這方面，可是從不令人失望的——實用性已無關緊要，衣服儼然成了戲服。Angela Lindvall與Frankie Rayder玩起了試穿Christian Lacroix Haute Couture作品的遊戲，一身衣裳有著狂放的佛朗明哥式（flamenco）褶邊、陰影鮮明的雪紡，還加上淡紫色棉紗布邊飾。

↓ **Tim Walker 攝，2004年12月**

在Tim Walker的啞劇裡，模特兒Lisa Cant飾演許願要參加舞會的灰姑娘——然而，還有什麼入場方式，能比穿上Dior Haute Couture刺繡綠絲絨禮服更魔幻的呢？攝影師在夏季熱浪來臨期間，集結俄國芭蕾舞、東歐童話和義大利即興喜劇（commedia dell'arte）的觀察，拍下了這則故事：「這次拍攝最棒的部份，是這件絕美的宴會禮服，多令人讚嘆啊！它啟發了每個人，且正是這個角色所需要的。」

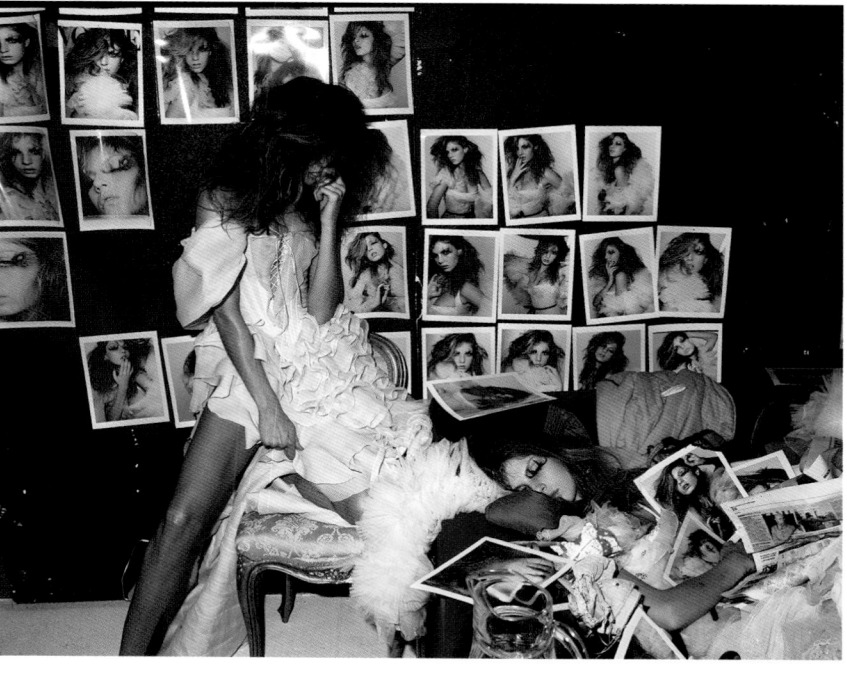

↑ **Neil Kirk 攝，1997 年 3 月**
馬爾地夫的黃昏時分，一個古銅色身影穿著幾近透明的
襯裙式禮服。空蕩蕩的沙灘、蔚藍的海水，與確保能有
均勻曬痕的隱密地點，勾勒出一個令人充滿遐思的夢幻空
間──這也是讀者常在《VOGUE》裡享受到的樂趣。看到
這位穿著 Martine Sitbon 細若游絲的金色露背裝，沿著獨
占的天堂水岸逕自漫步的女郎，誰能按捺住想要拋開一切
的念頭？

→ **Tim Walker 攝，2006 年 8 月**
這位「檯燈女士」穿著 Shona Heath 的紙質薄紗裝，照亮
了室內。此番超現實夢幻場景是攝影師 Walker 作品的標
記，當中的道具不僅古怪，尺寸也超大，模特兒則是攝影
師在心裡醞釀了數月之久的敘事想像角色。

← **Jenny Gage 與 Tom Betterton 攝，2007 年
7 月**

Lou Doillon 的母親是著名法國歌手暨演員珍·
鉑金（Jane Birkin），她也免不了成為對照組。
「瀏海、細瘦的腿、偌大的眼睛和闊嘴都得到了
真傳，」《VOGUE》觀察出這對母女不可思議的
相似處（見上右圖）。「但 Jane 是多變的女郎，
二十五歲的 Lou 的美則更具抵抗性。」不過她這
種挑釁的冷淡氣質，對身上 Chanel 十分女性化
的淺粉紅絲質雪紡禮服而言，反倒成了效果很好
的對比。

↑ **Eric Stemp 繪，1960 年 2 月**

本季主色溫莎灰遇上粉紅色，即成了最佳伴侶。
Susan Small 精巧的花朵圖案蕾絲禮服有著粉
紅色緞面馬甲和裙身，打造出這身「寬領口的迷
人、漂亮長袖晚宴禮服，腰間還別了一朵柔軟的
絲質玫瑰。」

↑ **David Bailey 攝，1964 年 12 月**

珍·鉑金首次替《VOGUE》拍照時，穿上這件
「為了談場戀愛」的衣裳。此時這位年輕的女演
員尚未結識長期搭檔、法國樂壇教父塞吉·甘
斯柏（Serge Gainsbourg），演藝事業才剛剛起
步。但可以肯定的是，John Bates 的這身斜裁、
點綴著小白花的歐根紗（organza）夢幻孔禮服，
絕對能讓她吸引更多目光。

時尚和花園共演出動人的一幕，《VOGUE》從不放過任何找尋新鮮空氣和讓花朵盛開的機會（後續的內容將可佐證這一點）。Dolce & Gabbana 這件細緻的絲質雪紡印上了耀眼又大膽的紅玫瑰，為這片充滿草本植物的精致英國鄉村花園中，打造了一抹炫目色彩。它的香氣或許會漸漸淡去，但美麗依舊延續。

夜暮低垂，《VOGUE》遇見了這位啜飲紅酒的年輕女主人，身穿Eva Lutyens撒上了四葉草的深藍色塔夫綢浪漫禮服。Whistler這位與英國小說家艾夫林・沃（Evelyn Waugh）同時期的年輕新秀（他亦曾替艾夫林・沃設計了多次作品封面），於1944年的諾曼第戰役（Normandy Campaign）中身亡，他的插畫替安逸世代的失落縈繞著一股預示性的悲傷。

這項針對英國人浮誇、古怪行徑的研究，可以看出在義大利出生、巴黎成長的攝影師詮釋典型英國樣貌的方式，由頭飾到這身「終極舞會禮服」，皆出自Vivienne Westwood這位英格蘭都比郡（Derbyshire）出生的英國訂製服貴婦，她總是由歷史與古物中汲取靈感，極度浪漫與馬甲設計亦成為其時尚工作室的鮮明標記。這件愛德華時代風格的白色與粉紅色蕾絲緊身衣（bodice）搭配著棉質蟬翼紗和網質裙，展現出歷史課題前所未有令人驚嘆的一面。

↑ **Arthur Elgort 攝，2004 年 11 月**

這是另一則透過安徒生（Hans Christian Andersen）的想像，以及令人著迷的美麗訂製禮服所營造童話故事。《VOGUE》的白雪公主（不過她的頭髮是紅色的）在林間冒險時，偶然發現了一間小小的寓所。好奇心會驅使她進去一探究竟嗎？恐怕是無庸置疑的了。不過她得小心點，別讓這身 Dior Haute Couture 金色刺繡的藍、白絲質波紋綢（moiré）禮服在門邊給勾住了。

↑ Tim Walker 攝，2006 年 8 月

這位令人驚豔的美國模特兒 Guinevere Van
Seenus，替 Tim Walker 的「英格蘭夢想」
（England Dreaming）呈現了亞瑟王的威嚴與憂
傷，鬱鬱蔥蔥的田園景致展現了英式園藝的精湛
手藝。在這間飄散著令人陶醉的新鮮紫丁香香氣
的房間裡，我們的女神看來有些恍惚，支撐著她
的僅是這襲 Alexander McQueen 的刺繡絲質緹
花禮服。

↓ **Corinne Day** 攝，2002年6月

Gisele優雅地穿著Roberto Cavalli雪紡斜裁印花禮服，一側肩帶任意地垂落著。她的髮型看來有些零亂，腳上那雙Converse All Stars也髒髒的，手中那杯早上喝的咖啡還殘留著咖啡渣，卻營造出毫不造作的完美效果。

→ **Javier Vallhonrat** 攝，2005年5月

訂製服被褪下，全然顛覆那世上最奢華的衣著意象：Christian Lacroix Haute Couture在帶著荷葉邊的白色蟬翼紗禮服覆上了縐絲紗（crepeline），自模特兒Freja Beha Erichsen的美背蜿蜒而下，至直地面。這時，另一段故事開始了⋯⋯

→→ **Patrick Demarchelier** 攝，2005年2月

Victor & Rolf以緞帶、荷葉邊和圓裙等成衣素材，滿足了每個小女孩的夢想。它的繽紛色澤或許啟發自芭比娃娃（Barbie）的室內裝置師，不過這對前衛時尚雙人組的作品向來以解構、扭曲經典設計聞名，這裡替大家呈現的禮服，則洋溢著滿滿的女孩青春氣息。

← **Tyrone Lebron 攝，2012 年 10 月**

《VOGUE》與梳著新穎玉米壟髮型的模特兒 Jourdan Dunn，昂首於倫敦西南區的布利斯頓（Brixton）街頭。在這裡，我們遇見了在 Primark 購物的十六歲少女，十九歲的單親媽媽，以及 Dunn 這位十年來首位替 Prada 走伸展台的黑人模特兒，她的故事是幸運與剛強意志的象徵。即使穿上這件 Atelier Versace 的刺繡絲質單肩緊身束胸禮服，仍舊散發著個人獨有的韻味。

↑ **Nick Knight 攝，2006 年，11 月**

John Galliano 變出這件偌大的硬襯布禮服，將 Gisele 裝點成洛可可風格，好讓她參加於倫敦里奇蒙（Richmond）草莓丘之家（Strawberry Hill，譯注：英國首位首相之子 Horace Walpole 為了大量收藏品所建造的哥德式別墅）所舉辦、向攝影師 Knight 致敬的化妝舞會，這件禮服裡約有十二道專為這項盛事而做的精心設計，Knight 將 Gisele 拍得彷若嫵媚動人的童話女主角，她在半空中被一層層雪糕狀的褶邊薄紗環繞著的樣貌，像是被施了魔法。

← **Peter Lindbergh攝，1988年5月**

Linda Evangelista以The Emanuel Shop這身無肩帶、開滿了玫瑰的淡粉紅色緞面裙裝，漂亮地嶄露頭角。它的設計與黛妃的婚紗恰好形成對比，那件婚紗的下擺長達八公尺，用一萬顆珍珠和亮片點綴，但兩者的美學巧思都讓人留下深刻印象。這件禮服在超級模特兒的詮釋下，精準地表現出八〇年代花俏的衣著概念。

↓ **Nick Knight攝，2003年2月**

在九〇年代末，「大尺寸模特兒」Sophie Dahl不尋常的豐滿體態，一開始只受廣告看板和社論的青睞，但數年後，她那「畫報女郎」的身形與希臘女神艾芙洛蒂般的特質，已廣受稱道。她在此以Vivienne Westwood的絲質歐根紗層次感緊身禮服現身，替《VOGUE》拍封面照。雖然《VOGUE》目前所關切的是她的作家新身分，但天生的性感與美貌依舊讓人驚異：「好喜歡她那甜膩的美，就像在品嘗從倫敦精品美食百貨Fortnum & Mason買來的香蕉，是種單純的喜悅。」

↓ **Arthur Elgort攝，1982年4月**

一起回到八〇年代的玩樂心境吧！「讓每個人置身在群眾中發光、耀眼，」《VOGUE》建議著，「現在最重要的，就是打扮得漂漂亮亮、舉止得宜、健健康康又有存在感。」Zandra Rhodes這件散發著光芒的繽紛絲質塔夫綢針織禮服，就是要緊緊抓住你的視線。它還在後方繫上一個大大的蝴蝶結，看來，這個派對季得趕場囉！

↑ **Mario Testino 攝，2007 年 5 月**
這件純白色訂製服在剪裁上懷著某種幻想，給人某種療癒般的雅緻感。它以精準的剪裁手法取代綴飾，每處都是那麼完美。「別再懷舊了，」《VOGUE》這麼描述這件 John Galliano 為 Dior Haute Couture 所設計的絲質透紗（gazar）婚紗，它的靈感源自於摺紙，還選配了櫻花頭飾。「這是一場現代時尚的愛戀。」

→ **Cecil Beaton 攝，1951 年 9 月**
在挑遍所有倫敦訂製服品牌、包括皇室御用的 Norman Hartnell 之後，英國瑪格麗特公主殿下（HRH Princess Margaret）決定以不遵守皇室禮節的方式來慶祝自己二十一歲生日，選擇了這套法國男設計師 Christian Dior 的禮服。Christian Dior 是最早接受「新風貌」（New Look）的設計師之一，儘管英國貿易委員會（British Board of Trade）譴責其在布料使用上的浪費作風，瑪格麗特公主仍然是這間時尚工作室的熱情擁護者，對於他們的設計在英國能如此受歡迎可說貢獻卓著。這件全身長裙式的刺繡舞會禮服的樣式很傳

統，《VOGUE》以讚賞的觀點如此說道：「這位童話般的公主，創造了當代傳奇。」

↑ Alfredo Bouret 繪，1957 年 2 月

Bouret 以素描的方式呈現這兩件作品，左手邊這一件是 Julian Rose 的白色圖案雪紡晚禮服，右邊則是 Balmain 的白色尼龍山東綢、再撒上藍色花飾的作品，兩者均是為「真實的藍」（True Blue）這個主題所作。《VOGUE》鼓勵讀者一同來探索能夠展現這最迷人色彩、最美樣貌的可能性。「它是我們直接竊取自彩虹的一道色彩，那完全純粹、無添加的蔚藍，被孔雀用來染在綠色尾巴上，長春花則與紫色混搭，甚至化學品也以它創造刺眼效果。對貴婦和初入社交圈的女士們來說，從黎明直到黃昏，它都是最美妙的顏色。

→ Bruce Weber 攝，1984 年 12 月

在這張「自妳而生的風格」（A Style that Could Grow on You）中，Weber 禮讚著從英式花園中誕生的風格，由粗花呢衣（tweeds）到雨衣（mackintoshes）、連身工作服（overalls）到粉彩派對禮服，《VOGUE》寫道：「英國女性最能詮釋這種感覺了，就是那種雖然被修剪成一片片地，整體看來卻籠罩著濃濃的幻想空間。」在此，透過模特兒這襲 Bellville Sassoon 湖水綠緞面無肩帶婚紗，在大量的白色絲質薄紗和綠色花卉的包覆下，搭配著長長的白色手套，看到了最浪漫的一幕。

← **Mario Testino 攝，2001 年 12 月**

在「皇室之道」（A Right Royal Do）的專題中，
《VOGUE》以象徵符號與皇室形象，從雄糾糾的
禁衛軍到腿短鼻尖的柯基犬，向英國的統治權
威史敬上崇高敬意。在這張毫不媚俗的照片中，
Testino 將重點擺在仿 Beaton 式的情境，坐著面
對鏡頭的模特兒，穿著 Vivienne Westwood 配
有珠飾飾帶（sash）的隆重絲質塔夫綢舞會禮服。

↑ **Mario Testino 攝，1997 年 9 月**

模 特 兒 Kirsty Hume 以 Antonio Berardi 這 件
繡著農村風格的毛料花飾、幾近透明的薄紗禮
服，搖身變為中世紀蘇格蘭的皮克特（Pict）戰
士。《VOGUE》被這本土化（nativism）的氛圍
給迷住了，此外，毛帽、人造毛披肩及行軍鞋
的優質工藝觸感，亦讓這件精巧的禮服增添了
俐落感。Hume 適切地捕捉了這番情境，她曾
被一位時尚評論者比擬為像頭「天使般的馬」，
照片拍攝於這位蘇格蘭出生、擁有一頭白金髮
色的模特兒嫁給演員唐納文‧萊契（Donovan
Leitch）的同一年，之後她便移居紐約州烏茲

塔克（Woodstock），在當地習畫和異教徒信仰
（paganism）。

↓ **Arthur Elgort 攝，1995 年 12 月**

Cindy Crawford 可說是最亮眼的超模，她有著如金黃玉米般的光芒、玲瓏的曲線與有見地的商業敏銳度。《VOGUE》在她與明星李察・吉爾（Richard Gere）離婚不久後、短暫參與戲劇演出之際，見到了這位「全美夢幻女郎」，儘管她的演出招致惡評，仍掩蓋不住閃閃動人的魅力。「她年輕又時髦，但一點也不隨便，那番美貌真夠嗆的。」《VOGUE》如是說。因此很自然地，她會選穿美國時尚的另一位傳奇人物 Isaac Mizrahi 這襲紅絲絨無肩帶舞會禮服。她解釋：「因為好有童話感喔！」

→ **Cecil Beaton 攝，1935 年 10 月**

Beaton 在美國影星費・雯麗（Vivien Leigh）事業達到頂峰之際，拍下了她二十二歲的容顏，不久她便與勞倫斯・奧利佛（Laurence Olivier）展開一段反反覆覆的戀情，卻也造就了她的傳奇性。這張照片拍攝時她已婚，是個年輕媽媽了，那瞬息萬變的表情依然令人印象深刻，英國詩人約翰・貝傑曼（John Betjeman）亦形容她「具備了英國女孩家的本質」。這身閃閃發亮的柱形禮服是 Victor Stiebel 所設計，預示了她更加陰沉的成熟時期。Beaton 和費・雯麗之後成了密友，儘管這份親密因嫉妒心與可察覺的專業偏見有所減損，但攝影師仍然為她設計了許多戲劇化的裝扮，包括這件安娜・卡列妮娜（Anna Karenina）風格的禮服。

→ → **Mario Testino 攝，2011 年 5 月**

《VOGUE》為紀念威廉王子殿下（HRH Prince William）與凱薩琳・密道頓（Catherine Middelton）的這場皇室婚禮，精心策畫了這個以多位收藏家為軸的新娘影像專題。「薄紗的弧線、曠日費時的手工與無窮盡的夢幻」直指出這件讓人驚嘆的婚紗的創意。在一群英航（British Airways）空服員的喧鬧聲中，模特兒 Arizona Muse 立 下 誓 言， 她 穿 著 Elie Saab Haute Couture 這身飾有貼花（appliqué）與垂褶胸線（draped bust）的刺繡薄紗蕾絲禮服，像雲朵般柔軟的下擺延伸至腳邊，彷彿就要讓她升空了呢！

VOGUE

New Year Number

JANUARY 1949 · PRICE 3/-
THE CONDÉ NAST PUBLICATIONS LTD.

← Horst P Horst 攝，1949 年 1 月

Horst 是《VOGUE》不朽影像的幕後創意天才之一，亦為圖像線條大師，他的作品包括全球首位超模 Lisa Fonssagrives 最具代表性的封面照（她以體態闡釋《VOGUE》的原文字母），還有「紅汽球」封面照（穿著泳衣的模特兒用腳平衡一個大型的紅汽球，以取代《VOGUE》原文字母O）。這張照片可以看出他比較嚴謹的一面，好萊塢設計師 Gilbert Adrian 這件及地多色調粉紅長袍的輪廓雖然誇張，但在他精準的眼光下，更展現出一種得體的氣派。

↑ Lord Snowdon 攝，1981 年 8 月

家族關係讓《VOGUE》得到這張經典畫面。被稱為「東尼叔叔」（Uncle Tony）、並身為英國公主瑪格麗特前夫的攝影師 Lord Snowdon，在查爾斯王子（Prince Charles）與戴安娜‧史賓塞（Diana Spencer）結婚前夕拍下的這張照片。戴安娜身穿一件 Nettie Vogues 的蘋果綠塔夫綢舞會禮服，戴著史賓塞家族珠寶設計師 Collingwood 的珠寶，剛滿二十歲的她，反映出八〇 年代初入社交界少女那典型大器又有活力的衣著風格，與她數年後偏好展現窈窕身段的穿搭形成明顯的對比。在這個重要時刻，她那童

話般的公主形象在世人心目中越來越清楚，開始成為讓人瘋狂喜愛的焦點人物。

Bailey掌鏡的這幀影像以陰暗的情慾構築出幻想，讓《VOGUE》難以抗拒這場角色扮演：「晚上十點以前，你是看不到她人影的。她的房子是佈滿黑絲絨與鏡面玻璃，有著私人酒吧和魚缸般的浴室，溫室裡還栽種著帶斑點的綠色蘭花。她只穿黑色與狄亞基列夫（Diaghilev，俄國芭蕾之父）色系——鮮豔桃紅、紫羅蘭色及翠鳥（kingfisher）般的翡翠色——以及屬於黑夜的諾瑞爾（Norell）的香氛。Marie Helvin這位「女吸血鬼」穿著Sheridan Barnett的咖啡絲質雪紡搭配Charnos的黑色褲襪。

此時，我們回到這個世紀中期的上流社會，看到了倫敦訂製服設計師Victor Stiebel（圖上方）與Norman Hartnell為初入社交圈少女所設計的禮服。這兩件刺繡的蟬翼紗（organdie）與硬質白色網紗禮服，有著《VOGUE》堅持出色作品該具備的極致精美：「它走自己的倫敦路線，與巴黎風格平起平坐，與紐約風尚並進，卻更為溫和、更令人愉悅，又兼具個人品味。倫敦設計師是為真正的女人設計衣裳，她們在這個國度裡生活著，她們會開車、上街購物、在外吃午餐、參與社會事務、到店裡喝杯酒、去賽馬場看比賽、辦派對、假日時出遊⋯⋯在倫敦，時尚的重點在於適合穿搭的設計，是生活方式的起始，並佐以寧靜、詳和的談吐。」

← **Herb Ritts 攝，1989 年 10 月**

在「尋找碧姬‧芭杜」（Brigitte Bardot）專題中，《VOGUE》帶著「金髮、香閨、摩托車男孩」的夢想前往巴黎。這襲富麗的紫羅蘭絲質綢緞晚禮服出自 Valentino，金髮美女 Claudia Schiffer 穿著這身華服，腰部以上全以絲質緞面製成，帶著蕾絲、緞帶和繡花。如果她那「令人垂涎的超低胸口」讓人有點心不在焉，還請見諒。

↑ **Mario Testino 攝，2009 年 12 月**

另一位碧姬‧芭杜性感學院的校友──有著七〇年代花花公子（Playboy）兔女郎身段的荷蘭模特兒 Lara Stone──擠進這件 Dior Haute Couture 絲質羅緞（faille）蕾絲束胸禮服，正式宣告了「史東世紀」（Stone Age）這新時尚世代的來臨。「她是當今美麗的體現，」Testino 說，他對這位模特兒非典型的曲線數字十分著迷，包括那 32D 的胸圍。「我們歷經了時尚界的厭食階段，而今我們以 Lara 的身形為表率。」

↓ **Harriet Meserole 繪,1921 年 7 月**

這件花瓣禮服是花飾時尚的最新款式,Paul Poiret 這件花瓣上半身的禮服連拉著寬大裙環(hoop)的裙子,讓巴黎為之欣喜。這位穿著玫瑰粉紅色的妙齡姑娘靈感看來應是取自灰姑娘:午夜鐘響結束前得趕快離開啊!

→ **Barry Lategan 攝,1976 年 7 月**

這絕對是七〇年代與眾不同的時刻——雪紡、飄逸和花飾。Ossie Clark 的露背繫頸禮服以最淺的粉紅雪紡布料製成,上頭開滿了花,再披件印有同樣揚起花樣的披風。捲曲的髮型很受讚許,但《VOGUE》對禮服的內衣有項嚴格的規定:不能穿襯裙(petticoat)。

VOGUE

Late July 1921   CONDÉ NAST & CO LTD
LONDON   *One Shilling & Six Pence Net*

↑ David Bailey 攝，1968 年10月

Penelope Tree 以源自「巴爾幹半島的巴爾幹音樂，彈著手搖風琴的樂聲在保加利亞的瓦納（Varna）和烏克蘭吉普賽營地，以及車臣（Chechen）的稻草屋村落中迴盪著」這個民間故事，增添她高貴的異國風情特質。在這特別的時刻，如此奇特的意念似乎益發讓人好奇：共產主義正在「改善」這項典型傳統，但其所流露的感傷至少是誠摯的，是針對那些被關在鐵幕後人們表示支持的善意玩笑（或許吧？）。Tree 身穿出自斯拉夫的農村式禮服，它以百褶亞麻布和刺繡紅絲製成，有著花樣蕾絲的寬大下擺，再纏上手繪絲絨腰帶。

→ Cecil Beaton 攝，檔案照片，未刊登，1939 年夏天

Beaton 為他最喜愛拍攝的主角之一所拍的第一張照片，英國皇太后（The Queen Mother）身穿 Norman Hartnell 飄逸的白色雪紡禮服，特許 Beaton 在白金漢宮（Buckingham Palace）的廣場替她拍照。這張肖像照與先前一板一眼的皇室影像相較起來，有著極佳創意與令人一新耳目的坦誠，對改變皇太后的公眾形象有很大的助益。

「我堅持我的照片應該能為這燦爛的膚色、睿智又宛若畫眉般的彎彎雙眼和容光煥發的笑靨，傳達出某種訊息，它們對她在生活中所創造的出色貢獻有很重要的影響。」Beaton 在他的日記中如此描述著當天的想法，「我非常希望這些作品能與其他正式、甚至有些看不出來是誰的照片有顯著的差異。」

這件高腰（Empire line）禮服（圖左）出自 Roecliffe & Chapman，為新娘禮服訂定了準則：「這一季最美的線條，在此被明確地定義了——在胸前以緞帶平打個蝴蝶結，讓腰線提升，突顯了又長又討人喜愛的流線裙擺。」我們是否有必要該提醒：這是五○年代的作品，當時棉混嫘縈（cotton rayon）類的人造纖維風行程度可是與其他布料不相上下⋯⋯應該不需要吧！我們反倒該留心這件出自 Ronald Paterson、令人驚豔的美麗禮服（圖右），在裙子的部分以繡花蘇丹棉（Sudan cotton）層層疊製，再襯托上讓人想起都鐸王朝（the Tudor）的短頭紗。

《VOGUE》向來對極致精巧的禮服給予最高評價，有時甚至會挑戰天價製作預算。但在「不須拚命攢錢就可以買到的服飾」（Clothes You Don't Have to Save up For）專題裡，我們看到 Robert Dorland 繫著腰帶的土耳其藍緞面鐘形裙舞會禮服，這件高級訂製服看來只要二十二基尼（guinea，譯注：英國舊金幣，1 基尼相當於 1.05 英磅，約新臺幣 1,120 元），《VOGUE》再搭配上珍珠長袍、土耳其石珠鍊與長長的白手套，讓它更華麗了。

《VOGUE》在印度喀拉拉邦（Kerala）的滯水與稻田中尋找香料與靜謐感。當地的色彩是如此獨特又鮮活，模特兒 Daria Werbowy 卻穿著最蒼白的色調：一件珠寶色澤的莎麗。她站在田裡，與隊伍保持一段距離，呈現這件陽光白熾色的 Emporio Armani 絲質襯裙禮服。

drama

戲劇性禮服

在時尚世界裡，一個鏡頭可被稱為一則「故事」。這是個很好的說法，有誰小時候不曾在試衣間裡翻箱倒櫃，只為了裝扮出與自己截然不同的角色樣貌？身上包裹著布幕，嘴唇塗得紅紅的，還搖搖晃晃地踩著報廢的高跟鞋。

時尚就是在滿足這份角色扮演的本能想望。我們不時在想：誰可以穿這身衣裳呢？該讓他們置身何處？製作幕後可能會發生什麼事？故事儼然已開始交織了，想法也越來越明朗了。

《VOGUE》述說著詮釋服裝的故事。一張照片可能是一則關於色彩的簡單陳述，或者是影響當季趨勢的細節說明。有時，它會是一部了不起的寓言集：衣服成了史詩劇裡的角色，你會看到女主角在一塊漂流木上漂盪、受盡折磨，或是一位愛德華時代的淑女沿著法國多維爾（Deauville）海邊漫步。在時尚編輯與攝影師的溝通中，可能想要表現出她對歐洲十八世紀前繪畫巨匠的傾慕，或許因此靈光一現：頓時，擁有一頭紅髮與一段傷感愛情的文藝復興時期公主，便成了我們的謬思女神。故事建構起來後，再找出一件件天鵝絨（velveteen）禮服，搜集許多可以參考的影像照片，精挑細選金色護身符和配件，假髮也調整好了……開始旁白的敘述。（故事或許建構在薄紗之上，卻是由一群實力的演員攜手完成。）

《VOGUE》向來喜歡表演，尤其對英國這樣氣候嚴寒的島嶼來說，還有什麼比逃避現實更能取悅人的呢？Cecil Beaton 偏好玩點扮裝，先替權貴階層構思精心製作的夢幻戲服，再分派他們演出適合的某個討喜角色。沒有人避得了這一關，甚至連英國皇太后都曾模仿過德國畫家法朗茲‧溫特哈特（Franz Xaver Winterhalter）那幅歐吉妮女皇（Empress Eugénie）肖像（見第193頁）。Norman Parkinson 以史詩格局呈現他的攝影劇作，他敞開大門、邁向全世界，帶領《VOGUE》穿梭於莫斯科人、印度王族和非洲馬賽族戰士之間，展開一段段無從挑剔又富異國風情的冒險。六〇年代，David Bailey 和 Brian Duffy 等攝影師運用一種新「社會寫實主義」手法，對比呈現膽識與魅力，從主人翁此時此刻的心境切入，述說當代女傑的故事。流行文化很適合加入戲劇性——英國劇作家諾耶爾‧卡沃德（Noël Coward）與導演希區考克（Alfred Hitchcock）都曾在《VOGUE》故事中扮演過重要角色。尤其別忘記「豪宅」的功能，裡面那些華麗的古董椅，曾經是許許多多故事中重要的背景。

而今，大規模飛行旅遊的時代已然來臨，展現特異風土人文與偏遠島嶼珍奇的機會也隨之減少，時尚故事現在更常於小說或民間故事中汲取靈感。況且，戲劇並非一直都得要搭配上宏觀的場景，有時只要一個機敏的眼神或一股隱隱的怒氣，就能表現極大的戲劇效果。而完美的禮服設計也不是非得由大牌、名人來詮釋，一件優美的禮服即使在最簡單的場景裡，仍能讓人看出它的不凡，絲毫無損它的美——魅力盡在不言中。

模特兒 Jean Shrimpton 與攝影師 David Bailey 是時尚史上最撩人的情侶組之一，他們之間的關係為時尚現實主義開創了新頁。這張照片的拍攝時間為1965年，當時他已經分手，Schrimpton 另與英國演員泰倫斯‧史坦普（Terence Stamp）發展新戀情，Bailey 也和法國演員凱薩琳‧丹妮芙（Catherine Deneuve）享受了一段短暫的婚姻，不過這對搭檔所產生的化學作用仍強力地衝擊攝影鏡頭，他們共同向世人展示了「以黑和白為起始的新色彩魔法」，這裡所呈現的是 Susan Small 長及小腿肚的寬飾邊（frill）深V露背洋裝。

↓ **Max Vadukul 攝，1992 年 11 月**

Vadukul 的鏡頭將丹麥出生的模特兒 Helena Christensen 拍得宛若熱情的義大利女神——在這永恆之城（Eternal City）的斷垣殘壁中扮演著羅馬英雌。穿上 Polo Ralph Lauren 這身鑲著小珠的緊身雪紡繫頸洋裝，Christensen 傳遞出與在義大利電影裡表現傑出的安妮塔‧艾克柏格（Anita Ekberg）那般誘人的性感。更巧的是她們兩位其實都是北歐人。

↓ **Michael Roberts 攝，1992 年 5 月**

倫敦有場比利時畫家馬格里特（René Magritte）的展覽，重燃了大家對超現實主義、一種「再詮釋」的極佳處理手法的熱情。《VOGUE》哀悼於這位藝術家的構思被精明的商業界所操弄，卻讚許著 Michael Roberts 這張題名為「這不是一件衣服」（Ceci n'est pas une robe）的照片，它以 Emanuel 的洋裝和及肩的玫瑰頭套，以及一段漫畫式的詩句，向馬格里特那副寫著「這不是隻煙斗」（Ceci n'est pas une pipe）的創新作品「影像的背叛」（The Treachery of Images）致敬。

→ **Nick Knight 攝，1993 年 11 月**

從 Linda Evangelista 身上，我們看到了耀眼魅力、天生麗質和樂在生活無懈可擊的結合，她在這張深秋的封面照中穿了 Karl Lagerfeld 的黑色網質與綢緞禮服，粉頸上那仿煤玉（faux-jet）十字架，更鞏固了她被視為現代象徵的地位。

← **Herb Ritts 攝，1988 年 7 月**

強勢的魅力與八〇年代熱愛運動的極致表現，源自於 Ritts 對強勢女性與打破女性傳統形象的偏好，因而發掘了 Tatjana Patitz 這位模特兒，以能適切地表現他的想法，「她像尊雕像，身穿有著修飾縫線的黑色彈性裝，戴著誇大的耳環，髮型則像女高音卡拉絲（Maria Callas）那樣高高隆起。」這件貼踝合身禮服是時尚界「執著之王」（king of cling）Azzedine Alaïa 的謙恭之作。她在耳後擦上了 Chanel No. 5 香水，那兩位有如希臘神話中的美少年阿多尼斯（Adonis）般的隨從呢？當然是同品牌的 Antaeus 男香囉！

↑ **Antony Armstrong-Jones 攝，1959 年 11 月**

「敬請回覆或帶著請柬前來，」《VOGUE》敦促著，要大家隨著這「逗趣、閃耀卻絕對時髦」的音樂一同搖擺，進入新爵士時代，年輕一代的革命顯然正在醞釀。《VOGUE》趕緊跟上這支卓越的雙人舞——由 Armstrong Jones（即後來的 Lord Snowdon、英國公主瑪格麗特前夫）和模特兒 Anna Delaney 共同創作，Delaney 身穿淡紫羅蘭色的瑞士緞面歐根紗舞會禮服則出自 Jean Allen。

Naomi Campbell 穿的這襲裙擺飾有孔雀羽毛的亮白色絲質緊身束胸洋裝，是 Tom Ford 替 Yves Saint Laurent Rive Gauche 設計的。她就這麼盡情熱舞，帶著那如星星般閃爍的雙眸和散發超強電力的笑靨，迎接新千禧年的到來。

Valentino Clemente Ludovico Garavani（一般較熟知他的簡稱 Valentino）運用他的羅馬人傳統，以及他故鄉城市裡的精湛手藝工作室，創造出現今這個世代中大膽奪目的浪漫禮服。他於 2009 年退休，五十年來，他改變了義大利的時尚態度。這件鑲了黑色珠珠的訂製禮服，鮮豔的粉紅色外裙（overskirt）是由織品製造商 Clerici Tessuto 提供，輝映了他對展現「奢華姿態」的非凡天賦。

↑ **George Wolfe Plank 繪，1924 年 1 月**

1924 年喬治・蓋希文（George Gershwin）啟發人心的爵士名盤《藍色狂想曲》（Rhapsody in Blue）在紐約首次公開演奏，就在該年年初，《VOGUE》的狂想曲卻全然變得更加青翠。傍晚踏青時就得來件翡翠綠的露背洋裝，還要有個大大的蝴蝶結與拜倒裙下的仰慕者──儘管有人批評它的橢圓點點印花。一定是太熱了，我們的女神才會用那把華麗的扇子拚命地降溫，上頭的圖案讓人想起波蘭芭蕾舞家瓦特斯拉夫・尼金斯基（Vaslar Nijinsky）那齣充滿力與美的芭蕾舞劇《牧神的午後》（Après-midi d'un faune）。

↑ **Norman Parkinson 攝，1951 年 3 月**

作為倫敦系列的發表者，《VOGUE》認為：「這是世上最實穿的衣服了：布料恰到好處，色澤細膩，線條賞心悅目，觸感亦佳，細節部分則以最富技巧的創新手法製成。」就是這些誘因，讓人殷殷企盼這兩件洋裝的問世。圖左是 Victor Stiebel 身穿那件有著櫻桃紅波紋綢的黑色羅緞洋裝，右邊則是 Mattli 搭配了羅緞（grosgrain）內襯的雞尾酒外套與寬肩帶合身禮服。

→ **David Bailey 攝，1974 年 1 月**

《VOGUE》與美國影星安潔莉卡・休斯頓（Anjelica Houston）和西班牙鞋子設計師 Manolo Blahnik 共同舉杯歡慶新年，在灑滿了陽光的南法與科西嘉島（Corsica）海灘上，欣喜上演一段時尚愛情故事。但真實的情愫卻發生在攝影師與休斯頓之間：就在這齣迷你劇的陽光終將西沈時，休斯頓拒絕了 Bailey 的求婚，回到傑克・尼克遜（Jack Nicholson）身邊。畫面中的 Blahnik 身穿 Walter Albini 白色套裝，手舉一杯 Espada 酒，休斯頓則穿著 Bruce Oldfield 的藍綠色褶邊絲質平織禮服，還抹上了名為愛情香氛（Eau de Love）香水。

這場戲裡的天真少女肩上披著偌大的黃綠色流蘇緞面披肩，巴黎作品儼然已經登陸英倫，時尚規則亦掀起了重大變革：「新的設計不會將線條強加在你身上，」《VOGUE》石破天驚地宣告，「若是喜歡你可以接受，不喜歡也可以拒絕⋯⋯Dior的重點擺在高腰，Balenciaga 則是低腰，他們對大眾而言是不是太前衛了，還是當中有一項吸引你的目光呢？你就表示了大眾，決定權在你。」不過這裡的抉擇卻再簡單不過了：誰能抗拒 Jacques Fath 這身帶有精美綯褶的白色平織禮服呢？

些許八卦和淘氣，讓這兩件晚禮服蒙上了正在密謀什麼的感覺。在這個囊括兩種不同風情的故事中，左邊這件 Peter Russell 露肩、曲線畢露的禮服採用灰藍與古銅色系的錦緞（brocade）製成，與右邊 Worth 的及地端莊洋裝都採用了扣子，是最完美的流行共謀者。

↓ **攝影者不詳，1932 年 12 月至 1933 年 1 月**

關於這位身穿寶石綠禮服、戴著貼身小羊皮長手套與皮草披肩的謎樣女士，我們所知不多。她像在沉思般地端坐著，也像身後那些書一樣靜止不動，雖然少了《VOGUE》封面模特兒常具備的獨立靈魂，模樣依舊誘人。

→ **Cecil Beaton 攝，1951 年 12 月**

Beaton 一直很鍾情豪宅和氣派雄偉的建築，他以這番場景創新地呈現 Balmain 的舞會禮服，它以波蘭格子花呢（plaid）塔夫綢製成，洋溢極致的成熟韻味。不過她可一點也不像老態龍鐘的公爵夫人喲，在 Elizabeth Arden 的 Redwood 色唇膏和服貼的緊身上衣襯托下，這位令人驚豔的晚宴美女勢必能青春永駐。

VOGUE PATTERN BOOK

VOGUE
PATTERN
6126

PRICE WITH VOGUE 1/6

DECEMBER-JANUARY 1932-33

introduction

導言

晚禮服的意義為何？ 在 T 恤和牛仔褲的世界中，這個名詞恐怕幾近於古董了：它是現代人難以理解的舊時遺風，古代的女人會在燭光下小心翼翼地穿上禮服，還要搭配著舞鞋。但今日的禮服出現在什麼樣的社會場合？為什麼我們總是無法克制的被禮服吸引，覺得目眩神迷呢？

明確的說──禮服不僅僅是件洋裝。洋裝嘛……嗯，就是件洋裝，但禮服卻能對穿著者施以某種獨一無二的變身魔法，讓她感覺特別的華貴、優雅與浪漫。穿上它，女人旋即變得亮眼、迷人，充滿高雅的魅力，是美的化身。

於是，禮服成了時尚夢幻的極致表現：在這個世界裡，女人們能化身作童話故事的女主角、希臘女神、追星少女與超級模特兒……。難怪設計師喜歡設計禮服，造型師熱中為之妝點，攝影師也愛拍它。在時尚的劇院中，禮服替不可勝數的戲碼與情節粉墨登場，因為它們是逃離現實的絕佳工具。禮服必須讓背景故事活絡，使細節生動，並讓美麗的女人有了生氣：再也沒有什麼比一件沒人穿、只能束之高閣的禮服擁有更悲慘的命運了，這可能就是為什會有這麼多時裝秀的原因，藉由穿在模特兒身上，讓這些禮服得以重現過往的歡樂景象。「我想像有位舞者一連跳了八天八夜，那身衣服因動作而伸展開來……從這頭拉到那一頭。」以多變著稱的挑釁者 John Galliano 於 2004 年接受《VOGUE》訪問時，談到啟發他那深具芭蕾感的作品創意：「我總是想打造出

一種熱情、一種性格……並將某種情感灌輸進去。」

禮服或許是種驚人的情感表現途徑，但它們捕捉了所有面向的情境，舉凡神祕、陰沉、悲劇、勝利主義、誘人、放縱、惡意、華麗等等，提供我們一種簡捷的速記法，好面對人性情緒的種種微妙差異。而這些是無法單只透過一件褲子就能做得到的。

或許再沒有時候能像 1947 年的夏天那樣，能以如此強勢的方式呈現一件衣服。倫敦就像被剝去了原有的外衣，壯麗的喬治風格街道因閃電戰（Blitz，譯注：二次大戰期間德軍對倫敦的空襲戰）持續不斷的砲火而成了瓦礫，地標也變得瘢痕累累。即便大家對於戰後重建的浩大工程莫不感到驚愕與疲累，《VOGUE》仍以獨樹一格的方式，提供讀者獨特紓緩之道：與「童話夢境般的六月夜晚」驚鴻一瞥。在以精簡的「文藝復興」（Renaissance）為名的文章裡，《VOGUE》企圖以煥然一新、修復與重生的愉悅語言，化解戰爭的殘酷，那麼，雜誌想要用來象徵希望的影像又是什麼呢？一位雙眸清澈的女子兀自站立著，眼神堅定地望向一方，身上穿著一襲華麗的長禮服：

「她站在燭光中，彷彿像是某位不知名畫家所作仕女圖中的模特兒。薄薄的蜘蛛網在她身後飄盪著，一身粉紅色的禮服宛如綻放的玫瑰。任憑傾頹的灰泥散落腳邊，她無畏又泰然自若地傾聽著──也許是想要聽見身旁這棟房子漸漸展露生機時所發出的第一道聲響。」

→ **Clifford Coffin 攝，1947 年 6 月**
這幅即興影像出自攝影師 Coffin 著名的作品系列
「文藝復興」，攝影師在白天替 Wenda Rogerson 拍照，
展現喬治風格建築在戰火摧毀下僅存的斷垣殘壁。
最後挑選出來刊登的，是這張安靜的照片，
它捕捉了 Rogerson 在燭光中佇立於一座大型梯井下的樣貌。
但 Ravhis 這件粉紅色羅緞（faille）禮服脆弱的象徵主義，
無論由什麼角度看來，都充滿著力量。

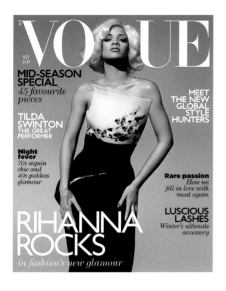

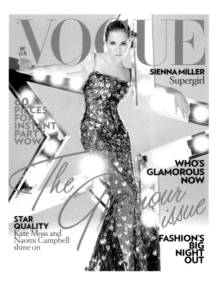

foreword

序

《*VOGUE*》英國版總編輯 *Alexandran Shulma*

倘若少了禮服，《VOGUE》該何去何從啊？如此有內涵的衣裝形式，從各種面向豐富了《VOGUE》的特質。1892年創刊之際，《VOGUE》以紐約上流社會的生活風格與時尚為報導主題，發展至今已成為當代全球時尚的編年記錄者。《VOGUE》英國版始於1916年，每一期都竭盡所能地搜羅令人渴望的美麗服飾，在各式各樣的選擇中，還有什麼比禮服更迷人呢？它強調不凡，常引人驚嘆，與日常生活關係不大，而是更接近想像與享樂的層面，而《VOGUE》亦具備了同樣的特質。

儘管現代女性的生活方式不同了，與早年的《VOGUE》相較，今日服裝已呈現截然不同的風貌，但禮服受歡迎的程度卻更勝以往。越來越多名人要走紅地毯、企業舉辦慈善募款等大型活動，可以說是盛況空前，而人們對傳統節慶也有越來越高的期待——譬如婚禮、生日之類的場合，讓禮服有了新的生命。人們尋找一件自己可穿的禮服時，期待的是一種轉變，可以在所有值得紀念的場合創造屬於個人的非凡經驗。

在這本極現奢華的著作中，Jo Ellison揭示了《VOGUE》影像的豐富性，將禮服以多姿多彩的方式呈現。她讓我們看到百年來的設計演進，但有趣的是，禮服常有著令人訝異的相似處。舉例來說，將1938年由Horst拍攝、Madame Grès設計之白色針織柱形禮服（P.13），對照七十年後Terry Richardson為Karlie Kloss所拍攝、身穿Donna Karan類似的打摺禮服的爵士風照片

（P.31）；或是看看Norman Parkinson攝於1950年、被薄紗和緞面舞會禮服環繞的美麗女孩背影（P.67），以及之後於2009年由Mario Testino掌鏡、模特兒Lara Stone身穿Dior Haute Couture領銜詮釋的聖誕特輯（P.117），便會發現：時光流轉，卻未在禮服上留歲月痕跡啊！

當然，Ellison在書中所表達的，絕非僅止於影像，還搭配了豐富的文本與資訊，讓每張照片不只畫面優美，更像是長篇故事的一段。例如，在攝影師Clifford Coffin攝於巨石陣的照片圖說中（P.170），可知模特兒Cherry Marshall曾在二次大戰時擔任機車通訊員；模特兒Jacquetta Wheeler曾在Tim Walker掌鏡下，穿著Gucci的粉紅色緞面禮服，替《VOGUE》英國版演出一段扣人心弦的啞劇（P.210）；2005年6月，由攝影師Regan Cameron出馬，為身穿Alexander McQueen華服的演員凱特·布蘭琪（Cate Blanchett）拍攝《VOGUE》英國版封面——當時的她剛剛獲得奧斯卡獎。

在快速時尚支配著主要流行趨勢的年代，握著滑鼠彈指之間就能消費奢華裝飾，設計師亦被勸服在每季推出許多作品，讓同樣款式在世界各角落的同品牌商店都能輕易購得，但《VOUGE百年時尚專題系列：禮服》適切地提醒我們：無與倫比的美麗與亙久的歡愉，才是時尚真正想要帶給這個世界的。

右頁展示了從1918年開始至近期的《VOGUE》封面，雖然無法完整呈現禮服的演變，卻依然能看出面對穿著者的激進改變，禮服數十年來的沈默抵抗——以挖低領口、旋轉和揚起的剪裁，精確地表現出有目的地誇飾和自然的驕傲。《VOGUE》一開始是以插畫的方式呈現這些衣裝，嬌羞的封面女郎，泰半是做著白日夢或異想天開地逃避現實。到了四〇、五〇年代，她的輪廓更鮮明了，不過常常處於陰暗處，直到六〇年代才開始擁有直視的眼神與自信，還會露出一點點腿部線條。而今日的封面明星傳遞給我們的，無疑充滿了個人獨特的女性力量。節奏藍調歌手蕾哈娜（Rihanna）在2011年拍封面照時（上排左），頂著一頭白金髮色、穿著Armani Privé淡雅禮服的她，展現初生之犢的飛揚姿態。這樣的女孩不只是穿著晚禮服的模特兒，她們本身就是強勢的事業體。

contents

VOGUE
the gown

禮 服

VOGUE
百年時尚專題系列

Jo Ellison——著

Alexandra Shulman——序

積木文化

VOGUE

百年時尚專題系列

這看來大膽的姿態，暗示著華麗的女裝可能是重建、甚至恢復信心的象徵。而《VOGUE》堅持：「破敗加劇，正是美麗再次大展身手的好時機：未來同時充滿了希望與危殆，舞會禮服在瓦礫堆中閃耀著優雅，在四周一片黑暗的環境中勇敢現身，是我們漸漸回歸從容生活的象徵。」

事物變遷，生活改變，風格也來來去去，但禮服始終存留下來。打從《VOGUE》發刊起，女性已於選戰中獲勝，穿起了褲裝，參與董事會議並獲選入席，但禮服依然持續出現在《VOGUE》的頁面裡，即使我們能夠穿它的場合已大量減少。也許我們只是喜歡看禮服吧：就像小孩那樣，會樂此不疲地翻著童話故事插畫裡的長裙；身為成人，當我們凝視禮服時，內心那道原先鎖上的門突然被開啟，使我們可以用最原始的本能欣賞眼前的美。禮服那理直氣壯的豐饒感，燃起我們內心對實現灰姑娘夢幻時刻的允諾。小說家喬夫・戴爾（Geoff Dyer）在2003年替《VOGUE》的訂製服撰稿時，曾在更衣室觀察一位年輕的模特兒：「她轉身凝視著鏡子裡的自己。雖然我用了『凝視自己』的說法，但這對站在鏡子後方的她來說並不公平。她瞥見的是自己會變成什麼模樣，一種超越她本身的某種形貌。」

一件設計傑出的禮服，確實會予人更多超乎其形體的感受和意義。雖然只有少數人有機會穿上像Ravhis設計的這件粉紅羅緞洋裝，再由攝影師Clifford Coffin掌鏡，於1947年留下這不朽的畫面，抑或Yves Saint Laurent把Linda Evangelista逗得開心極了的香檳色鴕鳥毛襯裙（Patrick Demarchelier攝，1987年），還是Dior替《VOGUE》封面所搭配的這件、如糖果般將Kate Moss包裹起來的灰白色薄紗（tulle）甜美洋裝（Nick Knight攝，2008年12月，左頁），童話故事依然延續不輟。

基於這樣的心境，接下來我們將禮服依所表現的情境歸類，而非在《VOGUE》雜誌出現的年代順序，以主題來連結這些作品，似乎是更適當的方式。禮服製作有幾種明顯的變化趨勢：剪

裁縮減到最纖細線條的影響力只能延續到次年；裙擺像浪潮般升起又降落，腰線上上下下以惱人失去耐心的方式圍繞著女性曲線變化。某個時期蔚為潮流的「風尚」（dernier cri），可能會消聲匿跡多年，在數十年後重出江湖，重新賦予新意介紹給新世代和新讀者。在本書中，我們可以看到三〇年代Madame Grès的新古典主義禮服，在七〇年代被Donna Karan改造成為迪斯可女王重出江湖，到了八〇年代又有Azzedine Alaïa為奧運選手改造的漂亮合身款；二〇年代Chanel的俏麗洋裝，則先後為六〇年代的潮人、九〇年代的厭食女改造。一個世紀以來，禮服的外形變來變去，一路上儘管屢屢重拾或揚棄部分細節，但本質的力量卻始終不變。

於是，本書的影像激發了想像力，也撫慰了心靈。禮服已創造了歷史，改變了工業結構；捕捉住難得的剎那，讓其長駐於眾人心中；也曾行腳至許多遙遠異地，完成了多場冒險；亦將凡夫俗子昇華為神話。總結來說，因為禮服，讓我們擁有「一種從容的生活」。

classical

古典系禮服

有時，最簡單的輪廓最誘人，有些禮服，譬如啟發自古典長袍的長青款式，便可證明這一點。更何況，有誰不想讓自己看起來像個女神呢？這件禮服的輪廓簡潔，有如古代神話中的寬袍（toga），造型很有魅力。如此渾然天成的優雅來自高超的技巧，垂墜的藝術性，讓女裝設計師沈迷於打造更加精鍊、完美的裙褶。

在一切都以義大利為標竿的三〇年代（當時盛行的裝飾布料為平織布[jersey]與人造絲），這類禮服找到了最忠誠的擁戴者，提供設計師如Elsa Schiaparelli、Madame Grès及Madeleine Vionnet等人實驗披掛和垂墜手法的新契機。這種將流動液體般的褶子懸掛起來的設計，深受《VOGUE》攝影師Horst P Horst、George Hoyningen-Huene和Edward Steichen的喜愛，他們自超現實主義汲取靈感，並將之運用於定義這種高雅精緻的全新性感風情。

「勇敢無懼、甚至某種程度的英雄主義，是女性面對世界時必須具備的，因為這個世界長久以來，掠奪了對女性有益的古老魔法。」一位《VOGUE》的編輯在1932年如此闡述。「要讓她相信自己的迷人強度，不需用頭紗（veil）遮掩，展現出一種自信，讓人想起古希臘悲劇詩人埃斯庫勒斯（Aeschylus）詩中挑起特洛伊戰爭的海倫（Helen of Troy），詩人描述她從容彷若一片風平浪靜的海，絕倫的美貌讓最華美的衣裳都蒙上了陰霾。」

如此從容的氣質在《VOGUE》持續引起共鳴，強調節制的希臘風格禮服被當作每季剪裁與色彩上的淡化劑，同時宣揚、提升著我們的時尚鑑賞力。七〇年代，古典禮服被賦予了新的活力與目的。攝影師Norman Parkinson經常回到女神主題，將Jerry Hall或Iman這類外貌脫俗的女性置身在氣勢磅薄的露天劇場或偉大的現代建築之前，以打造屬於新時代、活力旺盛的希臘女神艾芙洛蒂（Aphrodite）。同時，Halston和Donna Karen等設計師，則創造了線條誘人的絲織動感禮服，讓舞池中留著飄逸秀髮、腳上彷彿長了翅膀般輕盈的可愛女伶們穿著。

到了八〇年代，Naomi Campbell、Cindy Crawford和Helena Christensen等超級模特兒在攝影師Herb Ritts與設計師Helmut Lang的指引下，再次化身為性感又具爆發力的特洛伊美女海倫，而Versace、Calvin Klein和Azzedine Alaïa則強調優美體態與飄逸感，魅力逼人。近年來，Tom Ford、Dolce & Gabbana和Rodarte等設計師亦自遠古時代尋找素材，追求工藝技巧的極致展現。

正如作家Patrick Kinmonth於1980年在《VOGUE》中所述：「傳奇的美得靠邊站了。時間，這人類可愛的敵人，它不聚焦於古代的大理石雕像……而是讓想像的鍊金術盡情創造完美。」身為小老百姓的我們，能做的也只有想像了。

VOGUE

THE CONDÉ NAST
PUBLICATIONS LTD.

DECEMBER 25, 1935 (26) · VANITY NUMBER · ONE SHILLING THE CONDÉ NAST
PUBLICATIONS LTD.

← **Edward Steichen 攝，1935 年 12 月**

三〇年代中期，Edna Woolman Chase 領導了英國、法國和美國版的《VOGUE》，與她搭檔的編輯是 Elizabeth Penrose。這張照片是《VOGUE》最早期的彩色封面照之一（第一張出現在三年前，亦由 Steichen 所攝），這是張由 Chase 和 Penrose 共同編輯的封面照，藉由 Schiaparelli 設計的誇張面具，成功傳達出「所有迷人女性都是口是心非」的訊息，而為人所津津樂道。

↓ **Herb Ritts 攝，1988 年 12 月**

這位已逝的美國攝影師具備奇特的能力，能夠在八〇年代的模特兒身上，注入 源自通俗神話故事的「超人」（superhuman）魅力。在他的攝影作品「現代傳奇」（Modern Legends）中，封面明星 Stephanie Seymour 穿著 Giorgio di Sant' Angelo 的白色雪紡禮服，佩戴銀色漩渦式耳環，彷若現代艾芙洛蒂。

↓ **Mikael Jansson 攝，1993 年 7 月**

「白熱」（White Heat）這套攝影作品攝於現代感十足的摩洛哥，捷克模特兒 Tereza Maxová 告訴我們如何「減輕壓力、綻放光采」。她穿著 Helmut Lang 的 T 恤式禮服，散發著貴族般優雅的古典氣息，正式宣告：「露背裝回來了」。

Classical   15

↑ **William Klein 攝，1965 年 4 月**
Madame Grès 這件令人陶醉的百褶洋裝「像空氣般輕盈，像瓷器般白淨，是為跳舞而設計的。」在生於美國的法籍電影導演兼攝影師 Klein 的掌鏡下，我們的女神瞬間凍結，正如被描繪在一只希臘陶甕上動彈不得、永恆不變的主題。

↑ **攝影者不詳，1939 年 8 月**
這到底是件禮服還是藝術品呢？它是 Alix（Madame Grès）為紐約世界博覽會（New York World's Fair）所設計，披掛在石灰上的款式儼然成為推銷即將到來時尚季潮流的工具。「你的身形奠定了你的時尚根基……」《VOGUE》預示了全新的妖媚曲線，讓前幾年流行的筆直輪廓形黯然失色。雜誌如此宣稱：「展現纖細腰圍、渾圓臀線與豐滿胸部的打褶衣裝，已不再讓我們畏怯了。」

→ **Horst P Horst 攝，1937 年 9 月**
Horst 對前衛（avant-garde）懷有滿腔熱情，他的時尚攝影作品是古典主義的實物教材。在此，他將焦點擺在 Madeleine Vionnet 的雪紡錦緞（lamé）禮服上：「由懸掛在脖子上的項鍊傾瀉而下，彷彿一道熔金般的湍流，上頭的褶子則記錄著身體的每道律動。」

Early Paris Openings

MARCH 7·1928 (5)   *The Condé Nast Publications Ltd*   PRICE ONE SHILLING

← **Richard Dormer 攝，1965年2月**

這襲以希臘風格拍攝的「古典簡約」婚紗，攝於雅典的戴爾菲（Delphi）古城遺跡。Susan Small 所設計的這件有著長笛袖（fluted sleeve）的大理石白色縐綢（crepe）禮服，打造出令人驚嘆的端莊新娘形象，以縐綢織成的格網狀頭飾（headdresss）更加提升了魅力指數。

↑ **Eduardo Benito 繪，1928年3月**

Benito 是最多產的時尚插畫家之一，西班牙出生的他畢業自巴黎美術學院（École des Beaux-Arts），並於1920年加入《VOGUE》。作為立體派與結構主義的愛好者，Benito 創造出雕像般互久、時尚又獨立的女性形象。這個專題恰好遇上了當年美國女飛行員艾美莉亞·厄爾哈特（Amelia Earhart）首次成功橫越大西洋的壯舉，開啟了由新女性英雄們締造的精彩世代。

George Hoyningen-Huene 攝，1932年5月

「在看到這個年輕凡人的照片之前，誰想像得到她能以沒有翅膀、長生不老的勝利女神形象，穿越世紀、翩翩舞過被風吹撫的雅典衛城（Acropolis）內希臘宮殿圖案壁飾，形成這樣的畫面呢？《VOGUE》讓攝影師 Hoyningen-Huene 在下頁這淺浮雕般令人讚嘆的影像上施展魔法。在動靜之間（見左頁身穿 Madeleine Vionnet 的模特兒照片），我們看出了攝影師擺弄姿態的藝術，讓身體與禮服合而為一，「這些身穿希臘長衫的仙女們……以精準的比例扮演各自的角色，傳遞出應有的姿態，更突顯了手勢的重要性。」

← **Lee Broomfield 攝，2004 年 8 月**

Jennifer Lang 以細條流蘇（tassel）和編織環飾，創作了這件幾乎不存在的禮服，散發出與古代席巴女王（Queen of Sheba）同樣的貴族自信與王者風範。

↓ **Patrick Demarchelier 攝，2006 年 10 月**

Scarlett Johansson 這位現代女神有著無懈可擊的曼妙身段與誘人吸引力，響應《VOGUE》結合良知與訂製服，同時宣傳時尚道德與這件 Armani Privé 的無肩帶絲質蟬翼紗（Organdie）。

↑ **Mert Alas and Marcus Piggott 攝，2002 年 6 月**

肯亞烈日下，Kate Moss 棲身於一株被太陽曬白了的漂浮木上。她像是希臘神話中會催眠人的美艷女妖（siren），搶來的珠寶和 Preen 的刺繡海綠色禮服，是為了誘惑那些被愛情迷昏頭的男子走向悲劇的命運。

→ **Tim Walker 攝，2011 年 5 月**

置身在卡曼斯科（Kolmanskop）沙丘裡，過去這個產礦的小鎮，已漸漸被納米比沙漠（Namib Desert）的沙所覆蓋，成了一座鬧鬼的廢棄城鎮。模特兒 Agyness Deyn 穿著 Donna Karan 柔軟的垂墜絲質洋裝，腳下竄來竄去的獵豹深化了她的亞馬遜戰士英勇形象。

→ → **Nick Knight 攝，2012 年 9 月**

《VOGUE》認為，2012 年倫敦奧運的貢獻不是在體育方面，而是毅力、計畫與耐力的展現。於是在「點石成金」（The Midas Touch）專題中，邀集了十二位英國模特兒與攝影師 Nick Knight 以及英國的設計公司，共同打造一系列亦被奧運閉幕式採用為背景的影像。

Naomi Campbell 這一身萬古不墜的造型是由 Alexander McQueen 的 Sarah Burton 打造：「它以金色的金屬品點綴，搭配了印度珠寶和撒上金粉的薄紗斗篷與下擺。」基於對奧運的熱情驅使，Campbell 表現得更有自信：「假如我是運動員的話，應該是短跑選手，因為看起來很優雅，而且絕對可以操之在我。」

這是新的十年的開始，時尚世界被「Vionnet 垂墜設計的新流動感」迷得團團轉。法國設計師 Madeleine Vionnet 可說是斜裁的建築師，迷戀希臘設計的流線性，她最知名的宣言便是：「當女人展露笑靨時，她穿的衣裳也會跟著笑開。」只是很不幸地，我們無法由這張照片欣賞到它那「多彩蠟筆」般微妙的漸層變化，也看不出層層的薄紗雪紡布片，這全都是此件禮服的特色。但我們肯定會同意《VOGUE》的陳述：「它真是件令人愉悅的長裙。」

歷經二次大戰後的英國，也許對神話故事中的悲劇女主角沒有太大的需求或渴望。但《VOGUE》在凡爾賽宮的雄偉紅色大理石樑柱間，替讀者尋回對優雅的熱情，以 Marcelle Chaumont「像雪紡般輕柔的金色錦緞，再以金色穗帶固定於希臘式高腰線上」的百褶裙，歌頌著「希臘風的簡約之美」。

↑ **Corinne Day 攝，2005 年 10 月**

英格蘭的格拉斯頓伯里（Glastonbury）小鎮，
是搖滾樂眾星娛樂遙看台上的樂迷與在泥濘中
狂歡作樂群眾的聖殿。2005 年音樂季最令人難
忘的，應該是那場下個不停的雨，《VOGUE》工
作小組每個人都被淋得溼漉漉，只為了記錄這
場英國特有的盛事。但當 Gemma Ward 穿著
Alexander McQueen 這身百褶雪紡洋裝往台上
一站，頓時便獲得眾神的眷顧：太陽露臉了⋯⋯

↑ **Mario Testino 攝，2007 年 12 月**

俄國模特兒 Sasha Pivovarova 於冬季的魔幻故事中擔綱演出，拍攝參考的素材包羅萬象，從莎士比亞到路易斯・卡羅（Lewis Carroll，《愛麗絲夢遊仙境》的作者），從龐克到童話故事裡的變形野獸等等。在此，她是 Givenchy 的仙女，一身淡粉紅的風琴百褶裙，讓她縹渺得如「結冰的方糖般纖弱」。

↑ **Terry Richardson 攝，2008 年 11 月**

充滿誘惑力的針織晚禮服名列《VOGUE》「最受派對女主人青睞名單」，這件由美國攝影師 Terry Richardson 掌鏡的貼身晚禮服正是這種典型。Karlie Kloss 是我們的狂歡嚮導：只要穿上 Donna Karan 的「桃色完美禮服，再秀出那雙美腿就得了。」

← **Mario Testino 攝，1993年1月**
希臘度假勝地聖托里尼（Santorini）那炫目的石灰粉牆，與愛琴海清澈的海水，都成了 Isaac Mizrahi 薄紗女裝的完美展示場景。這件屬於「端莊」系列的禮服，被認為最適合在休閒假期時穿著了。

↓**Nick Knight 攝，2005年5月**
這回，英國肯特郡（Kent）布滿小圓石的海岸線，成了 Narciso Rodriguez 這件出航般飛揚的絲質縐綢禮服最佳的背景，Lily Cole 火紅的髮色與一張娃娃臉，造就了極現代的維納斯樣貌，並以一朵大型塑膠花飾取代女神著名的扇貝標記。

→→**Mario Testino 攝，2011年3月**
在時尚敘事大師的運鏡下，印度洋水晶般透澈的海水與這件 Etro 的靛藍色塔夫綢（taffeta）禮服相輝映。「色澤鮮豔的棉和絲質布料，線條簡單的夏季上衣，再搭上及地的裙身，整個人都像陽光般開朗了。」《VOGUE》在迎接這個剛剛到來、色彩鮮活的季節時如此說道。而這

位年輕女神正在等待她的英雄歸來，或是準備誘惑前途渺茫的平凡仰慕者呢？無論哪一種，都已讓人深深著迷了。

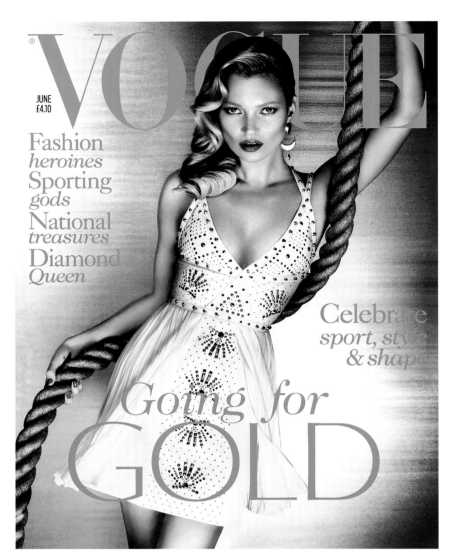

↑ **Mert Alas and Marcus Piggott 攝，2012 年 6 月**

Kate Moss 領銜演出《VOGUE》2012 年奧運特輯「奮勇奪金」（Going for Gold），並拍下了這張封面照。還有什麼更好的方式，會比 Versace 這件裝飾著羽毛的絲質洋裝，更能突顯介紹運動、風格與體態的專題呢？神鬼女戰士（Gladiatrix）從不曾如此美麗！

↑ **Lee Miller 攝，1941 年 4 月**

「倫敦肯定辦得到」，《VOGUE》在倫敦人面臨戰爭，布料配給與製作方式有限的交相夾攻下，如此宣示著。無論如何，時尚季節仍持續以溫和且必然的方式發生變化，而輕軟的袖子、強調腰圍與對比的色彩，則是當時的最新創舉。照片中是 Ravhis 的「典雅塌肩禮服」，與 Joe Strassner 以戰士盔甲和希臘式鑲邊為配飾、「如雕像般的白縐綢」。Ravhis 加上「彈性布料鉗住腰身」，Strassner 的禮服則為「垂墜小褶袖的晚禮服」樹立典範。

→ **Clifford Coffin 攝，1946 年 7 月**

這張缺乏色彩的照片中的簡約白色禮服，是後來的英國女王伊莉莎白二世最鍾愛的訂製服設計師 Hardy Amies 所作，完美展現了「古典希臘的清晰垂墜款式」。這張照片被形容為「傍晚涼爽的和風」，但模特兒眼中那抹憂傷更叫人心醉。

← **Patrick Demarchelier 攝，2012年5月**

當時好萊塢女神Charlize Theron氣勢正旺，還挾著奧斯卡獎的殊榮！這位南非出生的女演員在訪問中強調，其實最早的她一點都不符合時尚產業所期待的樣貌：「我太高大，相對於八〇年代的超級模特兒來說顯得有些過時。」但她那不矯柔造作的態度與帶點粗俗的幽默感，正是《VOGUE》最讚許的，而且這些都掩蓋不了她在鏡頭前呈現出的脫俗美感。她在照片裡穿著Versace的淺藍色百褶裙，貼切地表現出特洛伊海倫的傳奇之美。

↓ **Horst P Horst 攝，1937年11月**

Jeanne Lanvin在她短暫的訂製服設計生涯中，扭轉了女性的穿衣態度。作為流線設計的提倡者，她的天賦在此表露無遺：在錦緞禮服臀部打摺，再像熔金般傾瀉至地面。

↓ **André Durst 攝，1938年6月**

在這張典型的精簡構圖中，Durst將焦點對著這位身穿白衣的女子。這張照片有著好萊塢般戲劇化的緊張感，模特兒的冷淡讓人想起銀幕上的葛麗泰·嘉寶（Greta Garbo），在在突顯了Jeanne Lanvin這件縐綢禮服的優點：「整件衣服呈現出雕塑家般精巧的垂墜工藝，作工考究，對照著黑色背景泛出銀色光暈。」

↑ **Patrick Demarchelier 攝，1985 年 1 月**

這身白色打摺海倫式洋裝出自 Mary McFadden，清楚展現了「時尚新美學」，模特兒的頭髮直至頭皮像是剛塑好的雕像模具，身體也沾了油漆。《VOGUE》如此描述這番新氣象：「身體被簡潔的不對稱包覆著，像是充滿神祕感的埃及人，配帶了沉重的珠寶，沾滿、遍塗了油漆的靈感則來自非洲蘇丹的紐巴人（Nuba）。」具有衝擊性的文化影響充斥著八〇年代中期，儘管這些想法像帶了刺般地尖銳，所呈現的效果卻令人驚豔的簡單。

→ **Herb Ritts 攝，1989 年 10 月**

「樹葉都掉光了／這下子一切都看得清清楚楚了／神在追趕著，少女則躲起來了。」英國詩人史雲朋（Algernon Charles Swinburne）的詩貼切地搭配著這場時尚變形記，這件晚禮服幾乎快和樹皮連成一氣了，《VOGUE》稱它是「大地的朋友」，是在呼應八〇年代的過度輕率嗎？也不盡然，因為這件啟人疑竇、變色龍般古銅色的合身禮服（sheath dress），是出自 Romeo Gigli 的精心設計。

Twiggy像長了翅的勝利女神，穿著Ossie Clark
「這身從頸部揚升至袖子、彷彿被施了魔法的
衣裳」準備高飛，喉頭上還佩戴了用鑽石和黃
金打造的老鷹。這張「超現實冒險」（Surreal
Adventure）照片的拍攝者是模特兒的男友兼經
紀人de Villeneuve，以及特立獨行的德國音樂家
暨藝術家Voormann，完全是趟迥然不同的六〇
年代古典旅程。

另一個振翅高飛的幻想，不過這回是赤腳踩在
阿布達比（Abu Dhabi）的沙灘上。這個小小的
酋長國曾是採珍珠的要地，兩年前才因在波斯
灣發現油礦而整個改觀，這時候的阿拉伯沙灘
還未被大量湧進的移民侵擾，此刻的情境是自
在又充滿契機。而這身禮服呢？是「聚酯纖維
（polyester）縐綢配上水晶般透亮的扣子」，出自
Eve Stillman之手。

《VOGUE》攝影師 Parkinson 夏天撤退至西印度群島的托巴哥（Tobago），在那裡拍下了許多時尚畫面。1976 年他帶著當時沒沒無聞的 Iman Mohamed Abdulmajid（她後來嫁給英國搖滾樂手 David Bowie）來到島上，以拍攝這位瘦削又優雅的非洲索馬利亞美人展現夏季時尚。她穿上棉紗布（購自倫敦 Liberty 百貨，一公尺售價一英鎊）和 Saint Laurent Rive Gauche 的金色圓盤耳環，旋即引爆了一場模特兒界的風潮，且深受 Parkinson 和設計師 Yves Saint Laurent 青睞，Yves Saint Laurent 後來甚至稱她是他的「夢中情人」。

「上次看見燦爛的陽光是什麼時候的事了？」在二月凜冽的風與薄霧的圍繞下，《VOGUE》這麼問讀者。《VOGUE》藉由「飛往突尼西亞 Djerba 島南方」和這張 Marie Helvin 的照片，實現了對讀者的陽光承諾，照片中的她穿著 Yuki 寬鬆的奶油色垂墜針織洋裝，還戴了成套的回教頭巾。

這位插畫家以彩虹色彩突顯初秋的到來，但這位現代潘朵拉（Pandora）有可能受到引誘，打開寶盒嗎？我們相信《VOGUE》所提供的新一季愉悅感，絕對能有效地分散她的注意力⋯⋯

↑ **Helmut Newton 攝，1966 年 4 月**
忘了希臘神話裡的飛馬 Pegasus 吧！呈現在你面前的這對羽翼，是優雅的名車勞斯萊斯（Rolls-Royce）Silver Cloud Mark III——線條流暢、完美、雋永、氣派。站在車頭的 Jean Shrimpton 是屬於《VOGUE》版的欣喜精靈（Spirit of Ecstasy），或者只是汽車裝飾，隨你想像囉！她穿著 John Bates 的粉筆白禮服和 Christian Dior 露跟鞋「自在地飛翔」。

→ **Herb Ritts 攝，1989 年 6 月**
《VOGUE》以 Ritts 典型的亞馬遜攝影手法，稱頌著「強而有力的新女性特質」。「擺脫過去對嬌弱女性特質的注目，強健、精瘦又有活力才是現今的理想身形。」《VOGUE》如此報導這波崇尚重量訓練、鍛鍊肌肉美學，以及練習皮拉提斯（Pilates）的新趨勢。Michel Klein 這件閃閃發亮的人造絲（viscose）露肩洋裝，是展現「強壯、彈性與頎長肌肉組織」的最佳方式，模特兒的身體因塗上大量的 Lancôme Sculpturale 塑身霜，顯得「更滑順、溼潤且線條更立體」，而變得更美了。

Christy Turlington站在尼泊爾加德滿都Singha Durbar 的一座古老寺廟前，穿著 Donna Karan 絕美的金屬色雪紡印度莎麗裙（sari），完全符合九〇年代中期的簡潔風格：「依循著佛教的純淨哲學與淡雅，這些衣服被設計成既賞心悅目又能讓身心獲得平靜。」而在 Christy Turlington 這位崇尚潔淨生活的女神（她本身便是瑜珈的愛好者，阿育吠陀〔ayurvedic〕化妝品的創造者，也是位慈善女王）的詮釋下，更顯得正向、超然了。

「希臘的影響仍在某些最獨特的晚禮服中留下印記，」《VOGUE》在形容 Elsa Schiaparelli這件海軍藍繩邊縐綢禮服時這麼說道，它有著「雕像般的形態」，穿著的模特兒此時正專注地站在一幅與她十分匹配的古典畫作前。

↑ Eric Boman 攝，1975年3月

Roy Halston Frowick，亦稱Halston，是紐約七〇年代的超級設計師，身旁兩側站著迪斯可女郎，身穿他的「性感洋裝與其他春季系列」，裙子長短由你決定，重點是彩虹般多樣色彩的喬治紗（Georgette），配件也都走最簡單的設計，只是別忘了搭配舞鞋喲！

↑ Norman Parkinson 攝，1973 年 7 月

照片中模特兒 Apollonia van Ravenstein 身穿
Jane Cattlin 的象牙色 Ban-Lon 針織禮服，佇
立在島國巴貝多（Barbados）的克蘭海灘飯店
（Crane Beach Hotel）柱子的基座上，掌管著這
片海域。《VOGUE》形容這座島是「海上快樂天
堂，連綿數哩的彎曲珊瑚色海灘和明信片般的藍
海，還有一整年都可讓人曬成棕色的陽光。」這
道影像幾近於神話雕像，融合了《VOGUE》的新
世代異國風情，以及 Parkinson 與他那不可思議
的荷蘭魅力女神 van Ravenstein 間超凡搭檔關
係所營造出的效果。

↓ **Eduardo Benito 繪**，**1930 年 8 月**

裝滿了一籃季節的恩賜（來自《VOGUE》的圖案），Benito 這位戴著寶石花環、穿著鮮紅色垂墜禮服的女神，在小鹿的陪伴下，像現代的豐收女神波莫娜（Pomona）。

↓ **Mario Testino 攝**，**2011 年 3 月**

模特兒 Karmen Pedaru 裹著 Costume National 這件構思自土耳其長袍（kaftan）的番紅花色絲質晚禮服，拍攝地點是與現代文明極遙遠的東非坦尚尼亞桑吉巴（Zanzibar）海灘，畫面傾訴著她那份遠古時代的美，就像她腳下那片細沙，稀有又純淨。

→ **Norbert Schoerner 攝**，**2006 年 7 月**

姿態曼妙的模特兒 Andi Muise 身穿 Hermès 的招牌橙色百褶禮服，橫跨波光熠熠的愛琴海，發出女妖的致命誘人呼喚。「淘氣、性感又酷炫地讓人摒息」，這位《VOGUE》女神還戴上 Chanel 的太陽眼鏡，更增添了「無可抗拒的魅力」。

← **Robert Erdmann 攝，1997 年 3 月**
Gianfranco Ferré 的簡潔白色長洋裝自肩胛骨開了一條長縫，營造出更好的流線性，也讓活動更自如。不佩戴任何珠寶，也沒有一絲笑容，展現九〇年代女性精簡至性感特質的極致境界。

↑ **Christian Bérard 繪，1937 年 9 月**
為了 9 月的這個專題，插畫家 Bérard 變出一場訂製服設計師大遊行，勾勒出這一季持續痴迷於古典感的風潮。Robert Piguet 這身藍綠色絲質針織合身晚禮服有廟宇和英雄相伴，不需要多餘裝飾，只要最簡單的串珠與花朵就行了。

↑ **Patrick Demarchelier 攝，1986 年 7 月**
Christy Turlington 勻稱的臉龐，最合乎古希臘偉大雕刻家菲迪亞斯（Phidias 美的準則，而她則發現自己最適合穿著 Donna Karan 這位冷調、當代古典主義專家所設計的服裝，兩人聯手替《VOGUE》八〇年代中期的 7 月封面照打造了耀眼的一幕。

← **George Hoyningen-Huene攝，**
1934年6月

Jeanne Paquin這身厚重的錦緞（broche）縐綢
禮服肩上搭配了羽毛，裙長及地，要讓讀者感受
到「白色威力」（The Prestige of White），而碩
大的古典頭像與豹紋坐墊，是唯一能與之匹配的
選擇。

↑ **Carl Erickson 繪，1955年9月**

備受讚譽的美國插畫家Carl Erickson在這最後
一批作品中，被委任描繪出「令人振奮的自信時
尚躍進」。胸部堅挺且線條纖細的晚禮服，「在
厚重、幾近於硬襯布（crinoline）的樣式當道的
多年後顯得更受歡迎」，不過被《VOGUE》形容
為「重回無肩帶」的款式有些了無新意，幸好後
來有Jo Mattli（左）和Ronald Paterson（右）
製作出端莊的絲質禮服，打造出同樣永恆的灰色
魅影。

fantasy

夢幻系禮服

「誰能貼切地形容這件以童話織成的長袍呢？它白得像雪，閃耀如星辰；下擺以鑽石環飾著，宛若陽光下熠熠發亮的露珠，喉部和手臂上的蕾絲細緻得如蜘蛛網。這肯定是場夢啊！」——作者不詳，出自〈玻璃鞋〉（*The Little Glass Slipper*）

當被要求描述出夢幻衣著時，大多數的女性都會想到灰姑娘，幾世紀以來，這則法國民間故事受歡迎的方式首次有了重大轉變：夢幻禮服一定得炫目又奢華，撫過地板時絕對要沙沙作響，塔夫綢般的雲朵、薄紗製成的彩帶、絲質緞帶和亮晶晶的珠寶也是一定要的；還得具備些許歐洲皇室後裔般的氣質。但最重要的一點——它一定要是粉紅色。

《VOGUE》向來以時尚界的神仙教母自許，拜這股力量之賜滿足了眾人的願望，不論是多麼離奇的想像。在《VOGUE》的運籌下，替戰爭時期物資匱乏的新娘變化出完美的白色婚紗、適合戶外嬉戲的雪紡長袍、用以魅惑他人的性感緞面晚禮服，還有如空氣般輕薄的舞會禮服。而《VOGUE》攝影師、設計師、造型師、彩妝師和髮型師這些配角們，就像灰姑娘身邊那些被施了魔法的隨從，讓主角在他們的支持下完美現身。

英國設計師向來擅於展示懷舊夢幻中最脆弱的一面：倫敦訂製服設計師 Victor Stiebel 和 Norman Hartnell 所精心設計的甜美浪漫晚禮服，造型純真、可人又極其美麗；John Galliano 長久以來自歷史檔案與多重文化拼盤中取材，打造出更令人摒息的設計，而 Vivienne Westwood 女爵士亦以半海盜女王、半伊莉莎白女士式的高級硬襯布為註冊商標，展現了顛覆的魅力。

本書接下來要介紹的禮服多半都是訂製服——出自設計師最狂野的創意想像，煞費苦心地以手工剪裁、縫製、刺繡和貼花，全都來自專業裁縫工作室的巧手，其謙遜與專精甚至啟發了格林兄弟（the Grimm Brothers）創作童話〈精靈與鞋匠〉（*The Elves and the Shoemaker*）。這些禮服讓人想起女性穿著的奢華史，穿插著金線的織法已流傳了數百年，從伊莉莎白一世（Elizabeth I）的宮廷到瑪麗皇后（Marie Antoinette）時代的沙龍，橫跨舞台到大銀幕，直至現今優秀的設計工作室。正如 Yves Saint Laurent 的觀察，高級訂製服中有著「代代相傳的祕語，是數以千萬帶著頂針的大姆指交織出的精致傳奇。」

公主般的造型是《VOGUE》力推的風格之一。多年來，《VOGUE》已成為窺看英國溫莎皇室的入口，攝影師 Cecil Beaton、Lord Snowdon、David Bailey 與 Mario Testino 捕捉了皇室成員們日常生活中的率真影像，以及國宴等重要場合的珍貴剎那，包括皇室婚禮、生日宴會和加冕典禮，展現自在的歡慶時光，與如童話夢境般令人動容的場景（當然，《VOGUE》是不會邀請反派的）。

婚禮是多數女性最像灰姑娘的時刻，所以《VOGUE》始終堅持要為走進禮堂的新娘改頭換面。「我們打骨子裡就是浪漫派，」2011 年時的編輯如此寫道。沒有什麼比讓女孩與禮服完美契合更幸福的事了。

→ **Peter Lindberg 攝，1988 年 8 月**
亞瑟王之妻吉妮佛皇后（Queen Guinevere）轉世了：Linda Evangelista 身穿 Murray Arbeid 無肩帶禮服，黑絲絨上衣、粉紅色緞面裙上覆蓋了一層網紗，再戴上 Slim Barrett 的鑲珠金屬頭冠。這位神話人物的穿著或許與詩人丁尼生（Alfred, Lord Tennyson）形容的「草綠色絲裙」有所出入，但應該沒什麼人會對她的美麗提出質疑吧！正如同丁尼生所述：「男人帶著所有祝福／其價值足以媲美塵世的一切／在她完美的唇上／留下最真誠的一吻（出自 *Sir Laucelot and Queen Guinevere: A Fragment*）。

← ← Nick Knight 攝，2008 年 12 月

Kate Moss 在這個紀念專題中，以徘徊於半空中的方式歡慶「夢幻的時尚傳奇」（Fantastic Fashion Fantasy）。攝影師 Nick Knight 並不是飄浮大師，而是以數位魔法創造出這種懸浮的幻覺效果，讓 John Galliano 替 Dior Haute Couture 設計的這件雲朵般的薄紗禮服增色不少。

← Don Honeyman 攝，1951 年 12 月

年僅十八歲的瓊·考琳絲（Joan Collins）在《VOGUE》初登場，數十年後，她以《朝代》（Dynasty）影集中香肩窄小又珠光寶氣的壞女人再創事業高峰。別被她塗上厚重眼線的綠色雙眸或小小的心形臉蛋給誤導了，當時瓊·考琳絲可是英國皇家戲劇藝術學院（The Royal Academy of Dramatic Art, RADA）的高材生，且正要在第三部電影中，與英國女演員西莉亞·強生（Celia Johnson）的對手戲裡炫爛「聖誕派對造型」，她身穿的裙擺向下敞開、隨著光影散發出不同色澤的午夜藍紙紋山東綢（shantung）禮服，並縫上藍色亮片。

↑ Tim Walker 攝，2007 年 2 月

模特兒 Coco Rocha 是正要從一團煙霧中現身，還是即將消失呢？Alexander McQueen 這身帶著一層層膨鬆下擺的薄紗包覆式禮服，透過 Tim Walker 的鏡頭和他的長期場景設計師搭檔 Shona Heath 的超現實手法，帶給人們一種全新的時尚面向。在這裡，一切是那麼霧濛濛，又彷若鏡中倒影。

↓ **Clifford Coffin 攝，1947年6月**

我們內心最深沉的希望與祈願，有時會是最強力的夢幻形式，在這被閃電戰摧毀的城市廢墟中，《VOGUE》便真切地提供了如常的夢幻。攝影師Coffin替Wenda Rogerson（她之後嫁給攝影師Norman Parkinson）拍下的這張燭光肖像，成為《VOGUE》最永恆又強而有力的影像之一。《VOGUE》在〈文藝復興〉一文中如此宣示，「儘管這場毀滅是作夢都想不到的，依然由瓦礫堆中展現典雅的勝利之姿。」以禮讚Ravhis這身有著閃亮黑色蕾絲的粉紅羅緞裙所體現的樂觀主義。「這件舞會禮服的優雅光彩，在斷垣殘壁中熠熠生輝，在一片漆黑中展現無畏氣勢，是我們漸漸回復生命尊嚴的肯定象徵。」

↓ **Corinne Day 攝，2002年4月**

這張照片宣稱是透過「髒亂」的稜鏡，重新詮釋圈子狹小的時尚世界，Corinne Day在這間汙穢的倫敦起居室中，呈現Christian Lacroix這身精致的細條狀巴里紗（voile）束胸（bustier）禮服。不難發現，它與左側Coffin的這張作品有著相同的意境，但她穿上這身高檔訂製服所釋放出的創新奢華風情，亦強調了身處於現代世界中的生存危殆感。

→ **Tim Walker 攝，2005年7月**

Tim Walker的印度時尚長征，有時顯得超越現實的夢幻：他那位有著玫瑰蓓蕾般雙唇的女神Lily Cole穿著Stella McCartney的禮服，像隻異國禽鳥棲息在印度廢棄的拉賈斯坦（Rajasthan）宮殿的旋轉樓梯上，下擺直接垂至地面宛若一道流動的冷泉，「真是適合在嫁給印度大君時穿上啊！」

← Hans Wild 攝，1949 年 4 月

「這是為了初入社交圈的少女所設計的夢幻禮服」，或者該說，其實，每個女孩都對薄紗縐褶或彩帶難以抗拒吧！Victor Stiebel 這件正式的禮服遵循倫敦設計對暗淡色澤的華美布料的強烈喜好，但它那自在又露肩的款式可一點也不莊重，不過正如《VOGUE》所觀察：「領口一定會有新鮮事。」

↑ Norman Parkinson 攝，1950 年 5 月

這張陳列、構圖皆出色的照片，也許是最佳夢幻禮服的寫照。這襲塔夫綢暨緞面禮服出自 Jean Dessès，不同顏色的薄紗布料垂墜至地上，禮服上微妙的淺棕色、淺灰色和淺紫色陰影，彷彿「替沒有色彩的空氣上了色」。模特兒 Jeannie Patchett 這一年在 Erwin Blumenfeld 掌鏡下，替《VOGUE》拍了許多張為人津津樂道的照片，多數都以彷若「母鹿般的垂視眼神」入鏡。此時，我們以路過的旁觀角度，看著這位美麗的夢想者，泰然自若地凝視著貴妃椅的後方，沉浸於美妙的幻想裡。

↓ **Carl Erickson 繪，1933 年 7 月**

《VOGUE》以盛開的花朵、白色的禮服和對假期的禮讚，預示了仲夏的到來：「坐在陽台邊啜口飲料，看著來來往往的人們，琢磨為何他們總渴望別人穿著的那件衣服，而不是自己身上、且通常比較討人喜愛的這一件呢？」而季節指標性色彩更是昭然若揭：「首先、其次與最終的意念，顯然都離不開白色。」時尚插畫家 Eric 予以世人的啟發無人能及，他這幀精緻又和煦的影像，像變戲法般呈現了夜晚戶外的迷人氣息。

→ **Cecil Beaton 攝，未刊登，1946 年**

這張未發表的照片攝於二次大戰末，年輕的公主們剛開始綻放成熟女性的氣息。芳齡二十的伊莉莎白公主（Princess Elizabeth）自在地穿著 Norman Hartnell 以戰後硬襯布替她母親所設計的尖領禮服，正式宣告自己成年，而她的妹妹瑪格麗特公主年方十六，穿著削短至肩膀的棉紗布雪紡。她們身後的背景畫面是冰凍的湖和一隻孤獨的鳥，感覺與她們的青春年華有些突兀。這兩位帶著春天活力的小公主，是否代表著數年後在受挫中復原的英國光景呢？答案幾乎是肯定的。兩年後，英國歷史學家亞瑟·布萊恩（Arthur Bryant）在替《VOGUE》撰寫的文章中，便驚異於溫莎皇室的受歡迎程度：「幾乎整個舊世界都曾否認王權的概念，但此時君權制度非但沒有式微，反而越形強大。」原因何在？「他們象徵誠摯、和善與得體的榮耀生活。」

MIDSUMMER FASHIONS
JULY·12·1933·[14]
ONE SHILLING

↑ Norman Parkinson 攝，1975 年 9 月

準新娘對婚禮的想像是最夢幻的了，《VOGUE》在這束新娘捧花的微薄香氣中，也跟著頭暈目眩了。此刻情境走的是徹底的通俗劇路線：Jerry Hall 身穿 Yves Saint Laurent 飾以手帕角型裙邊和繫結腰帶的白色絲質雪紡婚紗，重新詮釋瑪麗皇后那待嫁至凡爾賽宮的不安心境……這位沮喪的新娘是不是有所疑慮呢？但她那揚起的雪紡頭紗，至少能在祭壇上持續輕揚一分鐘吧？

→ Adolph de Meyer 攝，1921 年 4 月

《VOGUE》在這期做了一個新娘系列，在在珍視著「數以百萬的浪漫時刻」，但首要原則是：「讓新娘擁有一件美麗的婚紗成為理所當然之事，讓與會賓客愉悅地列隊觀禮成了一種道德義務。它的風格必須被突顯出來，顏色搭配要匠心獨具，且新娘的穿搭與賓客最好能有些關聯。」

在古典款的單元，介紹的是一件無法識別設計者的禮服，以柔軟的象牙色絲絨錦緞製成，罕見的威尼斯蕾絲（Venetian lace）寬面罩紗（bertha）蓋滿了垂墜設計的裙身，直落在長長的下擺，霧面的白色薄長紗則在頭上以一圈珍珠固定好，「和這一季的許多新娘相仿，她實現了自己的選擇，戴上長長的象牙色手套，前臂還飾有縐褶。」《VOGUE》羨慕地驚嘆著。

← Patrick Demarchelier 攝，2005 年 12 月

《VOGUE》讓時光旅人掉頭回來，呈現過往歲月對現代晚禮服的影響力。Alexander McQueen 自希區考克的金髮女神蒂琵·海純（Tippi Hedren）與瑪麗蓮·夢露（Marilyn Monroe）身上汲取靈感，打造了這場 2005 年的秋冬時裝秀，在伸展台上展示許多與這件及地長禮服一樣優美的作品。不過昔日好萊塢的張揚魅力，因這身有著縐褶薄紗襯裙的女公爵緞面緊身束胸禮服緩和許多，突然增添了幾分浪漫、魔幻的氣息，也多了些孤獨感。

↓ Norman Parkinson 攝，1975 年 9 月

在凡爾賽宮裡，Jerry Hall 喬裝成現代瑪麗皇后，身穿 Christian Dior 開岔至大腿的華麗單肩黑色緞面圓柱狀洋裝，配上飾有羽毛的鐘形袖子。「瑪麗皇后對羽毛情有獨鍾，」《VOGUE》解釋道，「密瓦涅假髮（coiffure à la Minerve）就多達十頂，每頂都十分高聳，以致於有一天她發現根本沒辦法坐進馬車、前往德·沙特爾公爵夫人（Duchesse de Chartres）的舞會了。」

VOGUE

DEC
£3.20

A ROYAL SALUTE

↑ **Nick Knight 攝，2001 年 12 月**

在「皇家行禮」（A Royal Salute）中，《VOGUE》以特別籌畫的聖誕專題，沉溺於王室氛圍。當中的特寫皆以皇家風格型塑，還有溫莎公爵夫人華莉絲·辛普森（Wallis Simpson）針對「晚餐派對的藝術」的建議，以及《VOGUE》攝影師數十年來替皇室成員拍攝的肖像作品集。一切就像請 Kate Moss 扮演這位皇后般無所置疑：剛剪短頭髮的 Kate Moss 光著腳，揮舞著權杖、頭戴皇冠，身穿鑲著 Swarovski 水晶的 Giorgio Armani 禮服，讓這張封面照倍增光彩。

→ **Norman Parkinson 攝，1956 年 11 月**

Parkinson 是第一位標榜史詩時尚影像的攝影師，他替《VOGUE》展開一次又一次的海外探險，包括蹲在牙買加傾瀉而下的瀑布底、在美國猶他州的紀念碑河谷（Monument Valley）紮營、搭乘一架雙翼飛機橫越非洲大陸。此時則是漂浮在喀什米爾的湖上，模特兒 Barbara Mullen 跟著攝影師踏上這趟長期的印度冒險之旅，隨行的還有 Anne Gurning，這次捕捉到了殖民過往的餘燼，也向世界引介了充滿活力的文化。看到這些影像後，時尚專欄作家戴安娜·弗利蘭（Diana Vreeland）宣稱，粉紅色是「印度的海軍藍」。這句

時尚格言於此不證自明：Mullen 斜倚在一艘「為懶人搭造的船」，穿著倫敦訂製服設計師、之後成為戲服設計師的 Frederick Starke 所設計的這件輪廓鮮明的寬裙擺羅緞洋裝。

→ → **Alex Chatelain 攝，1979 年 4 月**

「勇敢地成為最耀眼的那一位吧！」《VOGUE》這麼堅持著。迪斯可狂熱仍持續感染著舞池，引人注目成為最重要的事。「將你的衣服渲染為更加明亮又扣人心弦，有時還帶有衝擊性，或常予人驚異感，如果、白、紅與黑、深紅、桃紅和紫羅蘭、寶石紅、粉紅……」另一方面，也鼓勵大方地展現肢體：「這麼說來，你得去塑身、節食，說不定還得吃鱷梨呢！」覺得困擾嗎？千萬別這樣，你唯一需要的就是這件螢光粉紅色調的 Saint Laurent 百褶雪紡直筒訂製服（shift），搭配鮮紅雪紡圍裙，最後再來點爵士風格的裝飾吧！」

← **Tim Walker 攝，2008 年 12 月**
電影導演提姆‧波頓（Tim Burton）和模特兒 Karen Elson 與 Walker 共聚一堂，一起說著這些「無法預期的故事」（Tales of the Unexpected），它混合、取材自兒童文學作家羅爾德‧達爾（Roald Dahl）與經典童話，呈現的效果溫和又迷人：Elson 是比小紅帽（Little Red Riding Hood）還鮮紅的女子，這身 Jenny Packham 的寶石紅亮片禮服撒上了 Swarovski 水晶，再配雙紅色楔形鞋，穿著 Gieves & Hawkes 的波頓即是那頭大野狼，這會兒可像隻泰迪熊般來勢洶洶的呢！

↑ **Regan Cameron 攝，2005 年 6 月**
這件獲獎肯定的禮服與好萊塢影后可謂相得益彰：凱特‧布蘭琪旋風式地替《VOGUE》拍攝這張封面照後，不出幾天便因飾演《神鬼玩家》（The Aviator）中凱薩琳‧赫本（Katharine Hepburn）的角色而榮獲奧斯卡金像獎，這件紅色絲質塔夫網禮服出自 Alexander McQueen。布蘭琪以能穿出自己個性的衣服品味著稱，她不會讓自己在成堆的衣服中不知所措。「我希望一站出來就能展現這件禮服的架勢，」她在提到這件頒獎典禮的紅毯裝扮與整體魅力時這麼說。「我並非天生愛出風頭，但我自認：今天就該如此。」

↓ **Henry Clarke 攝，1968年9月**

Valentino這兩件高貴的晚禮服上，分別印著取材自荷蘭台夫特陶器（Delftware）的花葉以及鳥與蝴蝶圖案，拍攝地點則為羅馬的貝加斯宮（Palazzo Borghese）。整體氣氛愁悵又美麗，強烈的張力隱隱沸騰，如同政治與文化的高速動盪。《VOGUE》勉勵讀者採取相同的態度：「無論發生什麼事，你都參與其中，並始終能夠做自己，表現出一如你所選擇的樣貌。」

↓ **Norman Parkinson 攝，1973年1月**

這位神祕女郎身穿Gina Fratini的精緻黑色平織禮服，頭戴飾邊帽，她有個約會，地點是在陽光普照的葡萄牙的一處廢棄廣場。黑色帽子讓看不見面容的她感覺更加誘人了：這肯定是日正當中最脫俗的一刻。

→ **Henry Clarke 攝，1962年10月**

這位穿著Fredrica亮麗藍色緞面禮服的清純少女，是否想要避開令她不舒服的注目？還是她自己也在追尋著些什麼呢？這個冬季的晚禮服訴求「修長、迷人且曲線優美」，影像中的女孩看來形色匆匆。但她得小心點：太快的步伐可能會讓她跌落一隻可愛的涼鞋……」

↑ Tim Walker 攝，1997 年 12 月

蘇格蘭費爾島（Fair Isle）圖紋毛衣、長統膠靴（gumboot）、花俏的禮服和羊毛襪，這些英式風格的古怪元素總是讓 Walker 為之著迷，也因此啟發了他的創作。在這張照片中，《VOGUE》讓晚禮服呈現大膽的風貌，以復古風格描繪英國聖誕景致：這件 Bellville Sassoon 的無袖喇叭裙以莓紅的絲質緞料製成，融入昔日的《VOGUE》樣式搭配打摺的薄紗裙。

→ Edward Steichen 攝，1935 年 5 月

能在容貌或姿態中捕捉到戲劇性的攝影師不多，美國攝影師暨畫家 Edward Steichen 便是其中之一，他在此所拍攝的是另一位無與倫比的美人──德國女演員瑪蓮‧黛德麗（Marlene Dietrich）。這張照片攝於 1935 年，正值黛德麗事業頂峰，亦處於與導演約瑟夫‧馮‧史登堡（Josef von Sternberg）合作的顛峰多產期，所穿著的則是好萊塢設計師 Travis Banton 的禮服，儘管這件作品被形容為「層層疊疊的黑色薄紗」，黛德麗仍能表現出一貫要命的嚴肅。

↓ **Cecil Beaton 攝，1950年9月**

我們的女主角身著Victor Stiebel的鴿灰合身錦緞禮服赴宴，裙底開展出寬大的網紗下擺。當時的正式場合裝扮有種新潮流，追求「強烈的個人特質，與某種特定形式的配件」。布料閃爍著金屬光澤，裙子長度提高，一種「細節上的不對稱感持續流行」，袖子也走全長路線。

↓ **Helen Dryden 繪，1916年11月**

置身在一次大戰的陰鬱下，「發展出一種新輪廓的苦悶」，主宰了「隨之而來的貧乏與飢餓年代」，於是《VOGUE》由一座室內花園派對尋求自我安慰。時尚插畫家Helen Dryden從蝴蝶蘭、黑夜和花園噴泉發想設計戲服（由左至右），編輯則哀嘆在如此歡愉的情境中，男性傾向變成一種「痛苦的自我形象覺察」。

→ **Norman Parkinson 攝，1951年2月**

在《VOGUE》所推出的第一本「大英百科」（Britannica）專刊裡，歡慶了這個國度的特出之處：「我們試著避免過於吹噓英國，若這份世襲的謙遜僅能表面地隱藏驕傲，那，也只能如此了！」讓我們來研究這張照片：Parkinson操縱著一段關於英式風格的時尚描述，讓穿著Norman Hartnell淡紫色薄紗無肩帶晚禮服、在蒙莫斯郡（Monmouthshire）克萊塔公園（Clytha Park）周邊小徑飄盪的高雅鬼魂得以昇華。

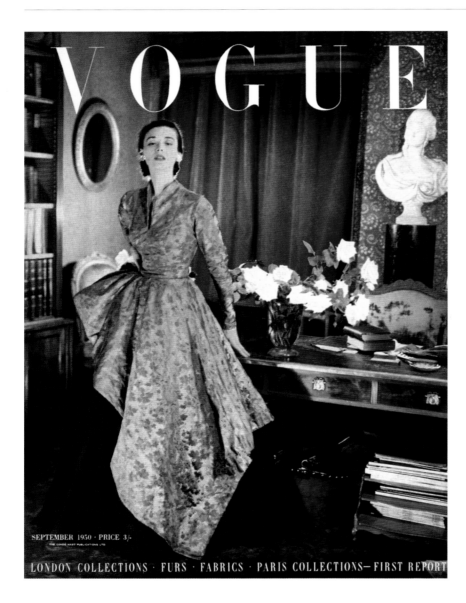

← **Peggy Sirota攝，1991年6月**

在《VOGUE》慶祝七十五歲生日的「傑出衣著、偉大影像」專題，義大利畫家波提切利（Botticelli）的作品《維納斯誕生》（The Birth of Venus）以九〇年代的風格重生了。模特兒 Bettina Meinkohn 身穿 Giorgio Armani 覆蓋著萊茵石的絲質圓柱洋裝，由一片浪花中現身，這位義大利設計師亦以此送上祝賀。

↑ **Barry Lategan攝，1970年10月**

經過了三位義大利畫家提香（Titian）、布隆齊諾（Il Bronzino）和喬爾喬內（Giorgione）的認可後，《VOGUE》揭開了「新文藝復興肖像」（Portrait of the New Renaissance）的面紗。那華麗的布料是以平絲絨和細羊毛製成，印上了令人陶醉的花色裝飾，再以金線和金邊穗帶（braid）突顯色澤，而精緻的手工藝是完成這件作品的關鍵，風景般的亞麻圍裙，與刺繡緞帶、貼花和文藝復興肖像揉合在一起。在這場戲裡，Bill Gibb替Baccarat設計的這身衣裳搭出了場景，穿戴著宗教改革運動（Reformation）時代短靴和鬆餅帽（muffin hat）的魯特琴（lute）樂手則為其配上了音樂。

Price Now One Shilling

VOGUE

Price Now One Shilling

CONDÉ NAST & CO., LTD.
PROPRIETORS.

Early November 1923

Price. One Shilling

↑ **Edward Buk Ulreich 繪，1923 年 11 月**

深色頭髮的典雅女子穿了一身霧金，檢視著手中請柬，富貴階層對中國風繁複圖案的熱愛在此表露無遺，奧匈籍的畫家、雕塑家暨插畫家透過對裝飾畫屏風的精細描繪，為讀者展示這個房間的時髦。相形之下，她那身鐘形袖和線條簡潔的禮服，反而表現出令人驚異的樸素。

→ **Mario Testino 攝，1997 年 3 月**

「最誘人的晚裝，是有著不規則下擺的裸色絲絨連身裙。」這是《VOGUE》對 Martine Sitbon 這件絲質印花平絨洋裝的描述。這個夏季，花飾被用以作為極致性感的表徵，散布在禮服上襯托身體的曲線，讓唇與手臂也「盡情綻放」。

→ → **Mario Testino 攝，2012 年 3 月**

與人共進午餐的女士 Karlie Kloss，穿著這身 Valentino 番紅花黃網帶花邊（guipure）蕾絲洋裝，她是如此明亮、完美，已經準備好面對所有社交義務與邀約。《VOGUE》在義大利室內設計師羅倫佐‧卡斯提洛（Lorenzo Castillo）位於西班牙馬德里 Hotel Santo Mauro 的陳列室中，拍下這高級資產階級的頹廢故事。豪華空間裡擺放著漆器古董、鑲金家具與帶著寶石色澤的織品，還有一隻不尋常的大象腳呢！

← **Tom Hunter 攝，2006 年 1 月**

攝影師 Tom Hunter 以「獵人故事」（Hunter's Tale）為題，替《VOGUE》在國家美術館舉辦了一場大型展覽。他述說著近期來自東歐的移民故事，並由波蘭模特兒 Malgosia Bela 擔綱演出，場景則設在英國利物浦（Liverpool）一家在愛德華七世時期曾經雄偉、但現已失去光彩的阿黛菲飯店（Adelphi Hotel）。「對她而言，歷經了很長一段資訊缺乏的生活，且從未有過旅行經驗，」Hunter 對女孩的格格不入提出解釋。「她以自己想像中期待著並能配合周遭的模樣打扮」穿著這身 Oscar de la Renta 塔夫綢舞會禮服，她沮喪地站在飯店舞池中，這位現代灰姑娘正等待利物浦的白馬王子（Scouse Prince Charming）帶著她翩翩起舞。

↓ **William Klein 攝，1958 年 5 月**

這位擅長顛覆的美國攝影師暨電影導演最讓人耳熟能詳的，要算是 1966 年的電影《波莉·瑪古，妳是何許人也？》（Who Are You, Polly Maggoo?）了，這是部針對時尚工業的粗暴嘲諷作品，尖酸刻薄的程度與其所散發出令人著魔的魅力不相上下。他替《VOGUE》拍攝的照片泰半是和藝術總監亞歷克斯·里伯曼（Alex Liberman）商談後的成品，比《波莉·瑪古，妳是何許人也？》早了近十年，即使這只是個拍攝巴黎流行的簡單任務，他在 Nina Ricci 黃褐色歐根紗柱形禮服腰間別上一朵「盛開的象牙白玫瑰」，所形構的畫面亦呈現出同樣惡作劇般的嘲諷感。

↓ **Mario Testino 攝，2004 年 4 月**

生於波蘭、成長於加拿大的模特兒 Daria Werbowy，以黝黑的膚色和古埃及獅身人面怪獸斯芬克斯（sphinx）般的樣貌，穿著 Jean Paul Gaultier 沙漠黃禮服，頭髮上插著絲質花朵，帶著珊瑚色人造寶石珠鍊。這張照片的構思深受訂製服季的異國情調主題所啟發，網羅了從西藏到西非廷巴克圖（Timbuktu）等世界各地風情。

→ → **David Bailey 攝，1976 年 3 月**

《VOGUE》進入了英國設計師 Zandra Rhodes 的特藝彩色（Technicolor）繽紛世界，以戲劇化這則由 Marie Helvin（她後來嫁給攝影師 Bailey）與電影製片山帝·里伯曼（Sandy Lieberman）主演的時尚故事。Rhodes 懇求她的粉絲們將她的衣服視為「一件會永遠珍惜的藝術作品。我的每件創作都是未來的傳家之寶。」但在「第二場戲」（Scene II）這張照片中，她那色彩亮麗的西岸仙人掌印花洋裝看起來註定是為了狄斯可、而非為珍藏所設計。Rhodes 誠心地贊同：「我獻給女性讓她們開心的事物，不妨來我的晚餐派對瞧瞧吧，哪個開懷大笑的女孩不是穿著我的衣服呢！」

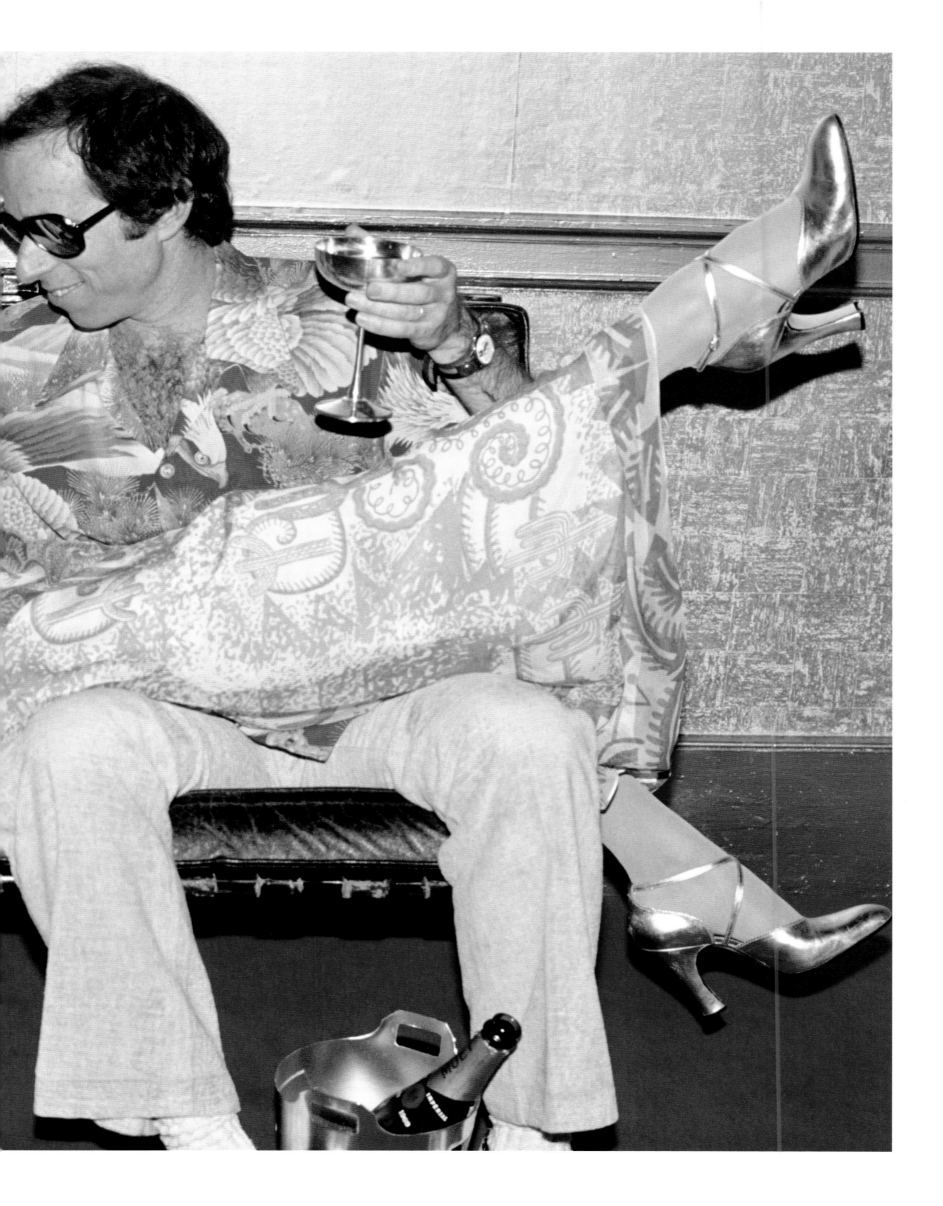

↑ **Norman Parkinson 攝，1965 年 10 月**

儘管偶爾會表現出一種對晚期殖民主義與權益的自大態度，Parkinson 仍以令人驚喜的激進手法努力在雜誌中展現多樣性。這幀肖像照主角 Elizabeth of Toro 是烏干達邊界托羅王國（Toro Kingdom）第十一任國王卡穆拉西·魯基迪三世爵士（Sir George David Matthew Kamurasi Rukidi III）的女兒，她將要成為英國法庭上第一位東非女性辯護律師。「烏干達對公主的概念和

這裡截然不同——我並不認為自己想看起來像個公主，」她如此抗辯著，身上穿了一件淡粉紅禮服，披著鮮豔的桃紅色戰袍（tabard）。「這可由不得妳了，」攝影師反駁，一邊「咔擦」地按下快門。

→ **Corinne Day 攝，2007 年 10 月**

這一天，我們帶著訂製服遊走倫敦，將時尚界最奢侈禮服的頹廢華麗與俗世的地標並陳。手繪絲質歐根紗緊身束胸禮服是 John Galliano 替 Dior 設計的作品，與之為伴的是東倫敦 Village Underground 以前衛手法繪製的漂亮火車塗鴉。或許，這可以證明一件事：有時即便是最昂貴的高級訂製服，也得落足於人間街頭。

← **George Hoyningen-Huene 攝，1930 年 1 月**

這張照片拍的是受難的悲劇女演員，她伸開四肢、仰臥在一張動物毛皮上，身穿 Lanvin 白色綯綢喬治紗長衣袍，戴著銀色錦緞帽。女演員 Lucienne Bogaert 化身為法國劇作家尚‧季洛杜（Jean Giraudoux）的作品《東道主三十八號》（Amphitryon 38）中的蕾達（Leda）。這張肖像呈現出劇場的一面，悲嘆著沒有偶像登台的早場戲，並點名希望能看到的人物：勞倫斯‧奧利佛、法蘭克‧勞頓（Frank Lawton）、雷斯利‧班克斯（Leslie Banks）以及（啊哈！）諾耶爾‧卡沃德，他們都是能讓整齣劇提升的優秀演員。

↓ **Norman Parkinson 攝，1973 年 10 月**

Marisa Berenson 是「螢幕紅人，無論上演的是什麼都有屬於她的角色。」這位身兼時尚模特兒的女演員正興高采烈於演出電影《酒店》（Cabaret）、由庫柏力克（Stanley Kubrick）導演的《亂世兒女》（Barry Lyndon），以及成為《VOGUE》的模特兒。Parkinson 拍下這張散發電影明星氣勢的相片，她穿著 Ossie Clark 雪紡禮服，上頭的風信子和玫瑰是由 Celia Birtwell 所繪，將她「亮麗的五呎九吋身高、飛揚的捲髮、象牙白肌膚和海藍色雙眸」襯托得更為搶眼。

↓ **Adolph de Meyer 攝，1918 年 5 月**

一次大戰期間的新娘似乎「步出中世紀，步向祭壇……她身後所流瀉的亮白色與銀色光芒，宛如月光照射出的一條小徑，」《VOGUE》這麼描述這張無法判別來源的婚紗照。雖然這件莊重、典雅的禮服洋溢著愉悅感，《VOGUE》仍鼓勵人們在匱乏的年代應該特別重視婚禮，並在新娘嫁妝上提供很好的建議。不過，面對艱困的生活，《VOGUE》也不能太樂觀地鼓吹婚禮，「能要求的最多就是應該在新娘頭紗上擁有無限的選擇權，之後便心滿意足地坐在教堂一角樑邊，滿心愉快又驕傲地觀禮。」

← **Cecil Beaton 攝，1964 年 6 月**
Beaton 此刻正處於事業的黃昏期，他與六〇年代的指標人物 Jean Shrimpton 搭檔，企圖打造出更多元的外貌，以展現她那變化萬千的美。她喬扮成佛朗明哥舞者，穿著 Mary Quant 的黑色縐綢、長至腳踝又有荷葉邊的禮服，精神抖擻地擺出姿勢。「Shrimpton 有著出眾的直覺，她的反應讓 Cecil Beaton 彷若樂團指揮似的。」《VOGUE》談論著這對搭檔的首次會面，「只要看他聳聳肩，她就知道他的想法又變了。」

↑ **Norman Parkinson 攝，1950 年 5 月**
這是另一支舞，不過這回更撩人了。當表演者的臉仍被陰影遮住時，她那身 Cristóbal Balenciaga 誘人的白色緞面合身禮服，胸前那巨大的紅色塔夫綢蝴蝶結帶子直接垂至地面，以及上層黑色、閃閃發亮的蕾絲，就這麼搶走了整場演出的焦點。

↑ **David Bailey 攝，1974 年 12 月**
Bianca Jagger 創造了「深夜才進場，但沒人忘得了」的意象。《VOGUE》替這已獲證實的預言作見證：這位搖滾樂手米克‧傑格（Mick Jagger）的前妻已為時尚界創造了歷史：三年後，她在紐約知名的夜店 54 俱樂部（Studio 54）騎著一匹白馬，歡度三十歲生日。Bianca 是我們打造第一印象的專家級嚮導，她穿著由 John Bates 設計的黑色 Bianchini Férier 絲抽褶洋裝，珍珠和鑽石耳環是借來的，手鐲般的短鍊和呈現出來的性感與自信則是屬於她的。

← **Clifford Coffin 攝，1948 年 7 月**

Cherry Marshall穿著Matilda Etches設計的藍色印製蟬翼紗晚禮服，躲在英格蘭巨石陣（Stonehenge）的碩大粗糙石柱中。這位模特兒私下生活的戲劇性，遠不及下列所描述的：她以二十二吋纖腰聞名；二次大戰時曾與英國輔助領土服務隊（Auxiliary Territorial Service, ATS）配合，擔任機車通訊員（dispatch rider）；她與英國詩人艾曼紐‧利維諾夫（Emanuel Litvinoff）有過一段炙熱的婚姻；她曾是倫敦設計師Susan Small工作室的專屬模特兒；她成立了十分成功的雪瑞‧馬歇爾模特兒經紀公司（Cherry Marshall Model Agency），負責Vidal Sassoon、Grace Coddington和Pattie Boyd等人的經紀事務；生命的最後幾年是在英格蘭艾塞克斯郡（Essex）海邊的弗林頓（Frinton-on-Sea）小鎮度過的，她在那兒最令人津津樂道的，是搜遍了慈善商店裡的衣服，再將它們改成高級訂製服。

↑ **William Klein 攝，1961 年 3 月**

我們這位女神身處危險邊緣：她踮起腳，驚險地站在巴黎天際線上，身穿Lanvin-Castillo修長的管狀晚禮服，上頭裹著偌大的荷葉邊蟬翼紗長條圍巾（boa）。發現自己站在如此高的地方，她可能也有點慌了，不過在Klein的運籌帷幄下，這也成了構圖的一部分。

Jacques Fath寬大的藍色緞面裙和披掛著的垂領（cowl-neck）上衣，被紅色緞面腰帶圍起來，如此大刺刺地賣弄可是需要點膽識的：「因為它所呈現的效果，就如同它的新穎設計一樣戲劇化。」

在這一期，《VOGUE》以半世紀為範圍，檢視五十年來的時尚演變，試圖由衣服中分析出政治與社會史，以為每個十年下定義。這個世紀的交界點予以人們的印象，是具備著揮霍的娛樂性和燦爛的社會功能，當禮服由巴黎買來、在室內穿上時，這些曳拖的裙擺可是與街頭扯不上一點關係；而當襯裙逐漸被揚棄之際，便以「花俏的帽子」為一切劃下句點。

面帶微笑的女士身穿Jeanne Paquin的金色洋裝，站在布幕前向大家介紹最優秀的新倫敦作品。《VOGUE》將聚光燈對準「偉大英國服裝設計師的繁忙工作室」以及英國本土製的傳統布料，以向大眾預示這項在國際舞台上逐漸增加影響力的新興時尚工業。當英國模特兒一字站開，長洋裝瞬時成為這場秀的閃耀明星。

← **David Bailey 攝，1963 年 1 月**

David Bailey 和 Jean Shrimpton 攜手展開一場墨西哥式探險：「在那兒，太陽把一切都曬得焦脆可口，九重葛與水權騷動著，沙灘上充斥著泳客，生活以城市中摩天大樓的熙來攘往，以及鄉間早晨迷人的倦怠步調行進著。」投宿在迪奧狄華肯（Teotihuacán）這間當地傳統的鄉村旅店，Shrimpton 打算一直在房間裡吃晚餐，她穿著的是 John Cavanagh 淡紫色、金色和紫紅色的印花絲質蟬翼紗襯衫款（shirtwaister）洋裝。

↑ **Eugene Vernier 攝，1957 年 7 月**

在法國西北部的多維爾（Deauville）度假，多令人期待啊：「這個時髦觀光勝地的一切都那麼炫目，讓人如此貼近簡單又不失隆重的法式歡樂。」但到了夜晚，在賭場裡就毋須莊重了，賭場被稱為此地的「樞紐」與「社交中心」，每個夏天都以最都會的優雅姿態為賓客們綻放。」我們正好遇上了這位年輕的玩家，她穿著 Susan Small 珍珠光澤般的緞面短禮服，底下接著大蓬裙。在這裡，沒有人會指責《VOGUE》的觀光客身分的。

↑ **Cecil Beaton 攝，1937 年 6 月**

沒有人能剪裁得出比 Coco Chanel 更令人摒息的曲線了，這件修長的淡金色蕾絲禮服是她自己設計的，縫上許多不同尺寸、形狀和顏色的亮片。即便閃閃發亮是這件作品的重點，這位小姐的高傲與被纖細身影卻為其增添了輕盈感。

→→ **Clive Arrowsmith 攝，1971 年 1 月**

《VOGUE》的旅程在美國賓州的蘭卡斯特郡（Lancaster County），由清教徒轉至艾米許（Amish）教派，當地距離紐約市有一百八十哩之遙，數百年來始終恪守著嚴謹的思維，也常占據了《VOGUE》的版面。「他們信奉功能性的衣著，」照片旁的圖說吟誦著。《VOGUE》的年輕再洗禮派教徒（Anabaptist）吸引了教友們的目光，她穿著 Ossie Clark 流動般中國縐綢（crêpe de Chine）黑色洋裝，還戴上了艾米許帽。

↓ **Henry Clarke攝，1957年5月**

《VOGUE》模特兒在凡爾賽宮的路易十五劇院（Théâtre de Louis XV）就座，穿著這身帶有東方風情的奢華藍綠色雪紡洋裝（織品原料出自Zika Ascher），和服腰帶與外衣則以藍色刺繡山東綢製成。《VOGUE》告訴我們，在巴黎，至少在每年的7月1日之前，遵守禮節仍被視為是必要的，雖然不必非得是全長晚禮服——「即使是出席法蘭西喜劇院或歌劇院的盛會，短禮服也一樣能被接受。」而這位前往看戲的佳人，顯然仍執著於傳統呢！

→ **Craig McDean攝，1996年11月**

「想想美國原住民領袖海華沙（Hiawatha）和寶嘉康蒂（Pocahontas）吧！」John Galliano由紐約州原住民摩霍克人（Mohawk）身上汲取靈感，創作了這件有淡紫色縐綢貝殼紋的米黃色麂皮流蘇洋裝。在新時尚字母裡，I表示印第安人（Indian），雖然政治正確性委員會可能傾向於將它代表伊洛科族（Iroquois）。

← **Bruce Weber 攝，1982 年 11 月**

這位美國攝影師才不會為他對動物的偏好而道歉呢！這些動物包括有羊、狗、山羊、貓、黑猩猩、獵豹和豬，牠們常在他的作品裡現身。在這張照片中，咧著嘴笑的貴賓狗可是個狠角色，連Talisa Soto 這身 Givenchy Haute Couture 有著荷葉邊裙擺的修長紫羅蘭色緞面禮服，都被牠搶走風頭啦！其實，這隻狗是後來才加上去的，以向默片的精神象徵、女演員露易絲・布魯克斯（Louise Brooks）致敬，所呈現的效果簡直就是「爪」到好處啊！

↑ **Arthur Elgort 攝，1999 年 5 月**

模特兒 Erin O'Connor 的旅程，在紐約拉法葉街（Lafayette Street）上的唐氏雜貨店（Dom's Grocery Store）內的走道上落腳。將貨品補進食物貯藏室架上時，得穿什麼衣服呢？有什麼好考慮的，當然是一次疊穿四件 Yohji Yamamoto 緊身胸衣洋裝！它一層是絲，一層是雪紡，一層是蕾絲，另一層則是圓點印花⋯⋯至於顏色嘛，只要是黑色的就行了。

↑ **Cecil Beaton 攝，1932 年 10 月**

潘蜜拉・史密斯夫人（Lady Pamela Smith，之後因其夫而成為哈特威爾夫人〔Lady Hartwell〕）是三〇年代最亮眼的社交名媛之一，不論 Coco Chanel 或英國首相邱吉爾（Winston Churchill）她都能與之相伴得宜。照片中她穿著 Norman Hartnell 這件薄透的藍色雪紡洋裝，「細小的亮片布滿成群」。配戴的珠寶是 Cartier，根據《VOGUE》的說法此罩袍有祭壇畫中人物的氛圍，但這番風貌可是典型英國風呢！

在「為特殊場合裝扮」（Dressing for Occasions）專題中，《VOGUE》曾請身兼女演員、歌手、作曲者及喜劇作家的喬伊絲·葛蘭菲爾（Joyce Grenfell）替我們指正服裝方面的誤解，她也欣然接受。「有很多不追求標新立異的女士們，一到冬天要收起毛衣時，便患上了春天躁鬱症，」她寫道。「特殊場合突顯了這個問題。不僅僅是長禮服、華麗的懸掛式耳環與頭冠齊備的盛大場面，也包括了婚禮、帆船賽，當然還有受人喜愛的賽馬！」她認為，時下或許流行隆重的晚禮服，但這類的「線條和設計」必須避免「添加太多可能破壞原本狀態、如果沒有會更好的小東西！」這件出自 Madame Grès 的蕃茄紅與葉綠色禮服，便是很好的例子。它的長裙有兩層——像霧一般的藍綠色浮在紅色的雲層上，只要搭配簡單的珠寶，再抹上康乃馨紅的唇色就好。

一名來自英國皇家芭蕾舞學院（Royal Ballet School）的舞者，與模特兒 Arizona Muse 在舞池裡翩翩起舞。她的洋裝出自 Dior Haute Couture，是以淡黃與灰白漸層色調的薄紗製成，最適合爵士年代了，整個氣氛也跟著搖擺起來。

↓ **Reinaldo Luza 繪，1921 年 2 月**

幾種不同造型就要跟著即將來到的春天出現：一是有「服貼的腰圍和膨脹的臀線」；另一種則是《VOGUE》描述的那低腰、無臀線的風格，這款有著「又直又長的緊身上衣和蓬鬆的裙子」。Luza 最後選擇什麼作為這次封面照的穿搭呢？答對了可沒有獎品喲！

↓ **攝影者不詳，1927 年 5 月**

Madeleine Chéruit 在這裡發現了塔夫綢的新用法，將它製成夏夜的披肩：「它的荷葉邊有著不尋常的豐盈立體與愉悅感。」但這張照片中另一項更了不起的創新手法，是被攝主體的即刻性，透過模特兒自在的站姿與平視的眼神，還有那往後梳的髮型，營造出令人驚奇卻恆久高雅的當代肖像。

→ **Hugh Stewart 攝，2007 年 9 月**

暮色降臨至坎城（Cannes）的海濱大道（La Croisette），法國女演員、前任龐德女郎伊娃·葛林（Eva Green）在岸邊擺起姿勢，她來此參加世上最吸引人的電影盛會，宣傳在《黃金羅盤》（The Golden Compass）中的角色，為展現舊世界（Old World）新崛起明星的最佳風采，她選擇穿著 Dior Couture 的禮服。

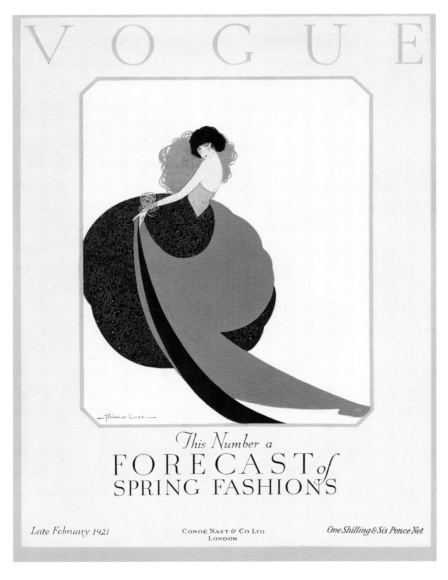

VOGUE

This Number a
FORECAST of
SPRING FASHIONS

Late February 1921 CONDÉ NAST & CO LTD LONDON One Shilling & Six Pence Net

← **Mario Testino 攝，1983 年刊於美妝別冊**

八〇年代早期的運動精神是極為個人的，每個人都要舞出自己的調子，好比二十三歲的現代舞者嘉比·艾吉斯（Gaby Agis）。這位出生於倫敦的後現代主義者身穿 Norma Kamali 平織洋裝（number），帶來了這場動感表演，她的動作和身體是多麼無拘無束啊！

↑ **Arthur Elgort 攝，1994 年 11 月**

穿上 Alexander McQueen 這身有著拖地後裙擺的朱紅色薄透平織洋裝，每個人都能漂亮退場。時尚清楚地看見這抹朱紅，而這件晚禮服正是掀起紅色狂熱的作品之一。

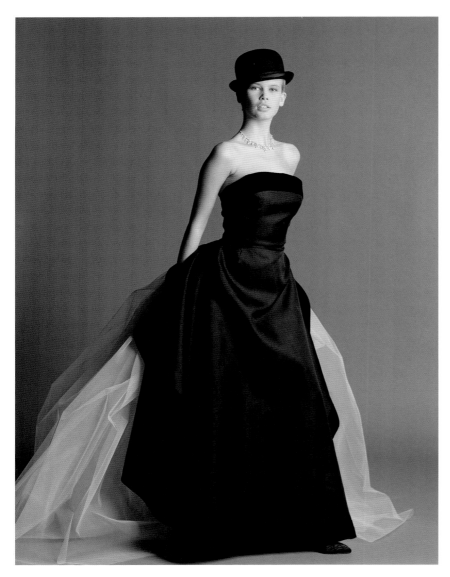

↑ **Terence Donovan 攝，1989 年 12 月**
Claudia Schiffer 以穩健台風躋身超級模特兒之列。這位受過律師訓練的 Guess 牛仔褲女郎，穿著 Norman Hartnell Couture 的黑色絲質緊身舞會禮服。再多的絲絨和薄紗都藏不住她的奶油膚色和玲瓏曲線，即使是男人的黑色禮帽也掩蓋不了她的性感。

↑ **Patrick Demarchelier 攝，2009 年 8 月**
在這場巴黎服裝展中，設計師流露出對「賣弄風情女子」的迷戀，伸展台上處處可見黑色小洋裝。Balmain 絲質超短迷你裙拖著長長的下擺，成為這種遊戲人間的新氛圍的典型。唯恐它太過甜美，再給它一點龐克元素，加上圓點圖印的褲襪，以及 Balmain 俐落的麂皮靴子。

→ **Arthur Elgort 攝，1990 年 6 月**
在快活之都紐奧良（New Orleans），南方佳麗依舊是主角，更不用說是狂歡節（Mardi Gras）時的模特兒 Helena Christensen。在紐奧良，這身打扮是友善又撩人的，Missie Graves 與 Graham Hughes 共同打造了這件千層糕般甜蜜的粉紅薄紗作品，再配上歌劇演員般的白色褲襪（與這溫雅的社會十分相稱）和緞面露跟鞋。這隻小貓這會兒真是火辣迷人啊！

Sophie Dahl 幾乎快撐不住 John Galliano 替 Dior 設計、帶著銀色刺繡的紅色緞面禮服了。精疲力盡的她，優雅地潛到牆邊，讓衣裙集中在腳邊，就這麼成了攝影師 Walker 啞劇裡，女英豪和壞女人遊行隊伍中出奇美麗的紅心女王。

↓ **Henry Clarke 攝，1961 年 7 月**
我們的女郎舞興正高，身穿 Susan Small 火熱的暹邏粉紅短禮服，等不及舞伴的來到。層層雪紡如莎麗般包裹著她的上身，下半部則是「令人垂涎的飄逸裙擺，一切是那麼令人陶醉。」

↑ **Frank Horvat 攝，1960 年 9 月**

《VOGUE》讓讀者一窺倫敦最獨門的工作室，以回覆這個問題：「訂製服值得付這麼多錢嗎？」透過這次報導，介紹了一些女性裁縫師、皮草師（furrier）和警衛，他們都是製造這些作品不可或缺的要員。在 Michael Sherard 的工作室中，塞特夫人正指導如何替客人試衣，她的年輕同事史密斯小姐專注地看著。這件洋裝以冬青綠的硬挺塔夫綢製成，緊身上衣以旋轉的方式收褶，裙子則是前短後長，後側下擺及地。要問這個行業是否物有所值，答案是肯定的：「沒錯，當然值得！」

→ **Cecil Beaton 攝，1948 年 10 月**

這張照片拍的是皇室盛會的戲碼，以最深沉的色澤呈現英國皇太后的肖像，她穿著由 Norman Hartnell 特別訂製的黑絲絨有裙撐的圓蓬裙（crinoline），佩戴著鑽石耳環、流蘇胸針和東方環形頭飾（Oriental Circlet Tiara），這是維多利亞女王（Queen Victoria）的丈夫亞伯特王子（Prince Albert）送給她的禮物。 原名 Elizabeth Angela Marguerite Bowes-Lyon 的皇太后十分喜愛 Beaton，讓他為自己拍下許多肖像，也發揮影響力，讓 Beaton 得到更多機會接近其他皇室成員。這張照片攝於二次大戰後不久，距離他們上回合作已有九年之隔，皇太后被要求擺出德

國畫家法朗茲‧溫特哈特那幅歐吉妮女皇肖像的姿態，溫特哈特是十九世紀很受歡迎的宮廷畫家，以將畫中人打點得莊嚴、卻又深得人心且有朝氣的風格而馳名。

「年輕想法」（Young Idea）是《VOGUE》雜誌的不定期專題，介紹才華洋溢的新人。為了本月的「年輕想法」專題，《VOGUE》來到英國皇家戲劇藝術學院（Royal Academy of Dramatic Arts），發掘這位「心不在焉的金髮可人兒」——女演員蘇珊娜·約克（Susannah York），她穿著 Nettie Vogues 喜氣洋洋的粉紅波紋綢公主洋裝，由 James Christie 扮演年輕的仰慕者，場景布置的工作則由藝術家暨場景設計師李察·畢爾（Richard Beer）擔任。

↓ **Eric Stemp 繪，1959 年 2 月**

這身熱情洋溢的橙紅絲質硬挺塔夫綢禮服出自 Frank Usher，十分光彩奪目。無肩帶短禮服的樣式，在短小的緊身上衣中間打了個結，結尾直垂至下擺。橙紅是春天的重量級色彩，甚至值得在封面公開宣告：「一道炫目的璀璨」、「陽光般明豔」，且適合搭配各顏色，舉凡淡杏黃色到「最焚人的紅色」都好。

↓ **Alfredo Bouret 繪，1956 年 8 月**

三年前是玫瑰紅當道，讓時尚界處於顫巍巍的狀態：「它是溫暖又和煦的，也是最輕聲細語的奉承者，使你飄飄然。」Jean Allen 飄逸的紅色歐根紗洋裝搭配像花苞般的緊身上衣，在大鳴大放的裙擺裡綻開，讓人以這最戲劇化又愉悅的方式看出趨勢端倪。

decorative

裝飾風格禮服

時尚以裝飾藝術（*arts décoratifs*）主題快速、自在地玩樂著。這番大膽的平面設計運動是由裝置藝術（art deco）竄起，至三〇年代發展至極，但時尚從中勾勒出有史以來針對享樂主義（hedonism）、頹廢、修飾和閃耀（閃耀到炫目啊！）更宏大的理想。

在這鍍金時代（Gilded Age）到達顛峰之際，《VOGUE》身處這場裝飾運動的核心位置，沉溺於其簡潔造型、瘦削的線條和童稚的性靈（*esprit jeune*）。Georges Lepape 與 Eduardo Benito 等插畫家，精確地將這個年代活力四射的年輕女性，描繪成擁有無限風情與能量的尤物，網球場和歌劇院都看得到她們時髦的倩影，過去從未見過這麼多種短髮造型。

難怪一些二十世紀的優秀設計工作室會巧合般同時湧現。Jean Patou、Coco Chanel 和 Jeanne Lanvin 迎合時髦年輕女性追求優雅的渴望，為她們打造服裝。高級訂製服生意興隆，因貴族階層向來對其有所偏好，而新菁英份子亦躍躍欲試，如歌手、芭蕾舞者、企業家之女、好萊塢新進女星等等。工作室前所未見的擁擠，女裁縫師用小珠子縫製號角，將亮片固定在最輕柔的雪紡上，讓這些新客戶們熠熠生輝。

但社會厭倦了如《大亨小傳》（*The Great Gatsby*）裡的黛西・布赫南（Daisy Buchanan）這種目光短淺的人，她那男孩般扁平的臀部、三兩句離不開錢的習性，被作者費茲傑羅（F Scott Fitzgerald）形容為最適合當花瓶的女主角。她在四〇、五〇年代被棄於一側，取而代之的是更多樣的魅力——成熟、曲線窈窕和無限性感，直到六〇年代興起了一場青年革命：新面孔出現了。《VOGUE》的新女神為「崔姬」萊絲・宏比（Lesley 'Twiggy' Hornby），她頂著 Vidal Sassoon 設計的髮型，穿著解放大腿的迷你裙，睜著又大又圓的雙眸，帶著淘氣又有點小壞心眼的笑容，深受大家喜愛。到了七〇年代，夢幻女郎的意象變得朦朧又浪漫——她們戴著鐘形帽（cloche），穿著層層雪紡，展現出夢幻的姿態，或是陰鬱的神祕與鮮紅之爪——正像是攝影師 Helmut Newton 或 Guy Bourdin 所捕捉的影像。

八〇年代的設計師則與裝飾糾結在一起，這種過度頹廢與當時的榮景不謀而合。但超級模特兒們都是超級「女性」，纖弱的女孩似乎已經跟不上這個年代的新性感勢力：Linda Evangelista 與 Helena Christensen 穿上有著禿鸛羽毛和亮片的服裝，還大方秀出剛練出來的肌肉。

然而，裝飾主題不會被忽略太久。每個世代的設計師最後都會被鍍金時代的活力與浪漫所吸引，舉凡 Gianni Versace、Alexander McQueen、Yves Saint Laurent 與 Karl Lagerfeld，都曾回過頭來造訪這令人振奮的女神——那斜裁的禮服、不受羈絆的欲望和（充滿活力的）男孩線條——吸引這個時代不受束縛的精神。有哪個女孩能抗拒得了呢？

→ Helmut Newton 攝，1966 年 10 月

淺褐色膚色、及肩短髮、煙燻妝和精靈般的特質，使得身兼演員與歌手身分的英國模特兒崔姬，自六〇年代起便如同花朵的力量或披頭四（The Beatles），讓英國人的生活不可能沒有她，她的臉孔也成為當代指標。令人好奇的是，之後她竟能如此輕易地跨越世代，捕捉到咆哮的二〇年代（Roaring Twenties）精神。在她接演《男朋友》（The Boy Friend）中踢踏舞（toe-tapping）波莉・布朗（Polly Browne）這個角色的五年前，她便以這襲 Gina Fratini 的縐褶層狀洋裝，替《VOGUE》傳遞出這份搖擺精神——「完全就是突然起了一陣騷動的綠葉⋯⋯以持續的動作搖曳、唱和著。」

時髦的訂製服攝影讓我們的女主角置身於當代場景中，但Atelier Versace這件雪紡和喬治紗禮服上的細節，卻是參考過往的裝飾藝術。繡著小珠的露背緊身上衣十分有朝氣，連接著滿是流蘇的下擺，「像是在閃亮的黃玉中沐浴一般」，肯定是為了「麗池酒店的狂歡舞會（Puttin' on the Ritz）」所設計的。

在新千禧年開端，當《VOGUE》帶著小說家與評論家喬夫·戴爾來到訂製服裝秀的封面拍攝現場時，他瞠目結舌於「我們誇大的製作能力」，而讓他興起將之與古時候某些狂歡鬧宴（bacchanal）中「極盡奢華鋪張的歌舞場面」相較。小說家費茲傑羅肯定會叫好吧！不過這場派對已近尾聲，攝影師Day讓這位穿著Emanuel Ungaro合身禮服的歌舞女郎處於更沉思的情境之中。

← **Mario Testino 攝，2009 年 5 月**
出身於俄羅斯高爾基（Gorky）的女神 Natalia Vodianova，身穿世界知名時尚設計師 Riccardo Tisci 為 Givenchy 所設計的斜裁魚尾禮服，巧妙地呈現「衣衫不整」故事主題的「優雅境界」（State of Grace），胸針搭配在腰間，垂墜至頸部的鑽石耳環則出自 Erickson Beamon。

↑ **Carter Smith 攝，2005 年 4 月**
復古風為這張攝影作品「試裝」（The Dress Rehearsal）的主調，著重於「柔軟、性感的晚禮服」與「甜美、柔和的陰影」。模特兒 Erin Wasson 在這場特殊的演出裡，身穿膚色的平織巴里紗禮服，上頭有垂墜抓縐，並繡上珠子，是 John Galliano 沿襲自二〇年代剪裁的新手法。

→ → **Javier Vallhonrat 攝，2008 年 6 月**
二十世紀初期，時尚界對東方那令人陶醉的奢華感相當著迷，以週而復始的持續性重現其珍奇的織品、羽毛與性感。奧圖曼浪漫的美好年代（Belle Époque），透過 Alexander McQueen 的金色戎裝裝飾與垂墜薄紗禮服，更增添了波西米亞式的華麗感。

← **David Montgomery 攝，1973 年 4 月**

這件墨藍色、透明肩袖的雪紡茶會禮服出自 Walter Albini，顯然是為了跳快步舞曲所設計，但在七〇年代，我們的模特兒跳得比較可能是哈梭舞（The Hustle）。但無論她喜歡哪種舞步，此時都無關緊要，因為這個月的《VOGUE》全都在探討「魅力，以及魅力能夠帶來不輸外表的強烈感受」。

↑ **Harriet Meserole 繪，1925 年 9 月**

這件洋裝有著修長的線條，可讓四肢盡情伸展。時尚插畫家 Meserole 精確地捕捉了咆哮的二〇年代那慵懶的典雅與簡潔。她的創作謬斯是充滿活力又獨立的年輕女孩，那副能背上行囊、抬身就走的模樣。在 1925 年，打扮算是基本要項，聰明的女孩會從《VOGUE》吸收知識，像是「金屬布料是讓晚宴裝引人注目的要素」，以及「要避免大衣和長裙之間的線條發生衝突」。

↑ **Georges Lepape 繪，1930 年 3 月**

法國插畫家 Georges Lepape 以這幅「百分百摩登米莉」（Thoroughly Modern Millie）展現其完美的線條筆觸，畫中女子手持一本有著《VOGUE》字樣的巨大書刊，在另一個新的十年的開端傳達了訊息：編輯堅持「別因腰圍而難為情」，鼓吹「秀出臀部」的新觀念。

↓ **Javier Vallhonrat 攝，2011 年 4 月**

在這張「時代精神」（L'air du Temps）中，Guinevere Van Seenus 勻稱的身材與暗色、半透明的迷人花卉雪紡衣相得益彰。Kenzo 這件拼裝式的長洋裝搭配絲質背心和金屬光澤的項鍊，在撩人的性感之外，仍傳遞出屬於英國布魯姆茲伯里（Bloomsbury）的藝術特質。

→ **Benjamin Alexander Huseby 攝，2007 年 9 月**

本月的《VOGUE》預示了一個典雅新時代——以有力的線條垂落及地的魚尾禮服。但我們是不是在哪兒見過這些角珠和萊茵石呢？最叛逆的模特兒 Stella Tennant 身穿 Roberto Cavalli 所設計的鑲珠絲質禮服，戴著貼上 Swarovski 水晶的帽子，頂著一頭金色高捲髮型。

← Herb Ritts 攝，1989 年 4 月

毫無例外，只要一提到八〇年代的夢幻女郎 Kim Basinger，就會令人想起她那婀娜的身型，與那一頭極富彈力的金色捲髮。或許有人認為，對於執著於展現永恆的訂製服剪裁來說，她的形象並非典型，也不是每個品牌都欣賞她的臀部線條。但這麼想可就錯了。在 Ritts 的鏡頭前，Basinger 囊括所有「天生尤物」的特質，她具備了地表性感物體的要素，剎那間，似乎再也沒有人能將 Chanel 的斜肩、低腰、滿布珍珠的禮服詮釋得更美妙了。

↑ Tim Walker 攝，2007 年 1 月

由另一個典型看來，Sasha Pivovarova 是最端莊的表徵，她在啟程返回俄羅斯聖彼得那如夢似幻的家園時，拾起了一件 Chanel 受洗禮服。Pivovarova 那頭層次分明的短髮拉回了點現代感，禮服上精緻的手工蕾絲散發耀眼的傳統氣氛，在在展現無微不至的巧思。

↓ **Mario Testino 攝，1998年2月**

這是葛妮絲‧派特洛（Gwyneth Paltrow）首次擔任《VOGUE》的封面女郎，她正在為主演的《艾瑪姑娘要出嫁》（Emma）宣傳，當時的未婚夫布萊特‧彼德（Brad Pitt）亦連袂現身。這位美國演員像是最閃耀的新星般神彩奕奕，俏麗的短髮、蜜糖色的膚色、與Marc Jacob覆盆莓粉紅色的薄紗洋裝愉悅地融合在一起，Paltrow也使出了祕密武器、當紅女孩最討喜的配件——超強電力笑靨。

→ **Tim Walker 攝，2004年12月**

Jacquetta Wheeler輕語著，「某天，我的王子將會現身。」她身穿Gucci冰沙粉紅絲質與歐根紗洋裝，裙擺搭配流蘇。別擔心，以Wheeler的貴族相貌，肯定不會等太久，至少在靜心守候於側的白色座騎飛奔離去之前，王子就會來臨。Tim Walker於當季《VOGUE》刊登了一系列的童話劇照，還包括了模特兒Erin O'Connor扮的「鵝媽媽」（Mother Goose）與Alan Rickman的「獅子王」（Lion King）。

← **Norman Parkinson 攝，1965 年 9 月**

當時尚與畫布相逢，正如同這裡所看到的克林姆（Gustav Klimt）畫作《死與生》（Death and Life）中的剪裁裝飾。Pierre Cardin 盤旋而上彩色亮片高塔式禮服，與這幅奧地利畫家名作不尋常地並列著，但 Parkinson 那萬花筒般的構圖既鮮活地令人驚異，亦出其不意地觸動人心。

↑ **Arthur Elgort 攝，1999 年 10 月**

美籍模特兒 Maggie Rizer 彷彿是費茲傑羅小說《美麗與毀滅》（The Beautiful and Damned）裡的人物，她是九〇年代最耀眼又成功的模特兒之一，成名前已累積了可觀的財富，卻在 2004 年因繼父豪賭全都付諸流水，但她仍持續接下了數場慈善演出，偶爾仍會在時尚圈看到她的倩影。在這張恰如其名的「金色年代」（Golden Age）照片中，她穿著 Emanuel Ungaro 滿是花形蕾絲的訂製服，足蹬 Christian Louboutin 的涼鞋。

↓ **Paolo Roversi 攝，2004年3月**

在這張絕美的七仙女照中，模特兒穿著斜裁的舞會禮服，精巧地營造出費茲傑羅作品的頹廢意境。只是時間來到21世紀，模擬《大亨小傳》風格的女郎身上穿的全都是出自現代設計名家、充滿女人味的撩人之作：左起依序為Roberto Cavalli、Viktor & Rolf、Julien Macdonald、Jenny Packham、Dolce & Gabbana，以及Dior by John Galliano和Alexander McQueen。

→ **Patrick Demarchelier 攝，2007年10月**

這次《VOGUE》行腳至羅馬，歡慶House of Valentino成立四十五周年，辛奈西塔片廠（Cinecittà Studios）的影片放映與音效亦在活動之列。在這費里尼（Frederico Fellini）名作《甜蜜生活》（La Dolce Vita）與曼奇維茲（Joseph L. Mankiewicz）的《埃及豔后》（Cleopatra）誕生地，毋須再為鄉愁而覦覥，最好的方式便是好好地欣賞這身訂製禮服，「滿覆一片片刺繡葉子，還以手工著上灰色的陰影」。

← **Guy Bourdin 攝，1974 年 4 月**
七〇年代中期，時尚界再次興起無拘無束的舉止與頹廢形象。《VOGUE》在此提供讀者們新一年的絲質品味，以及讓人躍躍欲試的裝扮。這件禮服讓人想起了舞蹈家 Isadora Duncan，印度桃色絲綢雪紡誇耀地垂拖著兩片下擺、環扣於纖指上，上面裝飾著萊姆色的薄紗葉子，搭配佩戴歐根紗頭紗與里耶維拉紅（Riviera Red）的十指蔻丹。

↑ **Corinne Day 攝，2004 年 5 月**
美國演員史嘉莉・喬韓森（Scarlett Johansson）與生俱備了瑪麗蓮・夢露的曲線與作家桃樂絲・帕克（Dorothy Parker）的慧點，總是以天生尤物之姿出現在世人面前。在剛拍完《愛情，不用翻譯》（Lost in Translation）、而《愛情決勝點》（Match Point）尚未開拍之際，她曾短暫地現身《VOGUE》，一頭削短的金髮隨意地向後撥，眼神直視著鏡頭，就連 Alexander McQueen 的刺繡薄紗緊身洋裝也搶不走她的風采。

↑ **Willy Vanderperre 攝，2012 年 4 月**
Alberta Ferretti 所設計的這襲牡蠣白雪紡洋裝，與炫目的「夜的溫柔」（Tender Is the Night）眼妝形成對比，以此向再次掀起的二〇年代伸展台風潮致敬。青春女子又回來了，這次穿上浪漫的不規則剪裁，其下幾近全裸，加上妝容，營造出戲劇化的衝擊感。誰說懷舊之情一定是甜美的呢？

勞 勃 · 瑞 福 （ Robert Redford ）的《 大 亨 小
傳 》（ *The Great Gatsby* ）已 上 映 了 數 月 之 久 ，
全世界仍為電影中那似有若無的情愫所痴迷，
Toscani 遂透過這張宛若罩了層紗的影像，傳遞
出同樣的感受，而 Salvador 所設計的白色層次
喬治紗禮服，亦以滿是香豌豆花朵的柔美造型，
以及這片「滿園綻放」的新色彩，歌頌著這部經
典之作。

這幅暗比非裔美國演員暨舞者約瑟芬·貝克
（ Josephine Baker ）的畫作，讓她穿上了有著
層層裙襬的洋裝，再戴上珠鍊。但舞會還沒開始
哩！這位年輕的時髦女子面對咆哮的二〇年代傲
慢的氛圍，噘起了媲美演員克拉拉·鮑兒（ Clara
Bow ）那般輕率的唇，身後還有位英姿煥發的男
伴在等候！

↑ **Norman Parkinson 攝，1951 年 3 月**
「這是世界上最值得一穿的衣裳,」《VOGUE》這麼描述 Peter Russell 所設計的這件如陽光射線般、鑲著亮片的百褶洋裝。「它的布料堪稱完美,色澤細膩,線條令人賞心悅目,觸感極佳……無論是什麼年齡層、什麼類型的女性,她們的生活方式為何,都能因穿上它而明豔動人。」不過呢,她或許在接電話時需要點幫忙。

→ **Carter Smith 攝,2005 年 12 月**
Lily Donaldson 在英國鄉間花園內穿的這身典雅藍色長統禮服,足供我們體認波西米亞高級時尚。Alberta Ferretti 所設計的這襲絲質正式禮服,搭配針織背心和復古提包,氣質高貴的配件柔化難掩的魅力,以仿舊皮靴取代晚宴鞋,連吳爾芙（Virginia Woolf）筆下的上流社會人物戴洛威女士（Mrs Dalloway）也會讚賞不已。

↓ **Willy Rizzo 攝，1967 年 4 月**

時間來到 1967 年，《VOGUE》呈現給讀者的這位時髦女性，是外蘊內火的義大利演員暨模特兒 Elsa Martinelli，她那身誘人的黑鳥裝扮讓人目不轉睛，用鴕鳥毛製成的短洋裝是由 Chanel 設計，捲曲的黑色假髮則出自 Carita。

Martinelli 的舞姿確實打動了某人的心坎，隔年便嫁給了替她捕捉這一剎那的義大利攝影師，兩人一直相知相守，直至 2013 年男方離開人世。

→ **David Bailey 攝，1972 年 3 月**

身兼模特兒、演員與歌手身分的珍·柏金，在發行與搭檔塞吉·甘斯柏對唱、走一貫嬌喘路線的異國風單曲「La Décadanse」前，曾短暫為《VOGUE》拍照。她在這張照片的裝扮比較端莊，深色頭髮向後紮起，帶著傷痛的神情與

芭蕾般的優雅姿態，令人聯想起劇作《月光小丑》裡皮耶諾（Pierrot）的憂傷。這件 Dior 的禮服以棉製蟬翼紗塑造了飄逸的層次感與精緻的波浪滾邊，營造出獨特的「脆弱之美」。

← **Mario Testino 攝，2000 年 12 月**

就那麼一頂羽毛帽，便將 Angela Lindvall 這一身 Valentino Couture 的黑灰珍珠鑲飾禮服的意象整個翻轉了。帶著些許巴黎女神遊樂廳（Folies Bergère）的風情，以及艾芙琳‧沃夫（Evelyn Waugh）小說《齷齪肉體》（*Vile Bodies*）的迷幻，整體予人一種邪氣的魅惑感。

↓ **Helmut Newton 攝，1973 年 10 月**

威士忌不再冰涼，她剛抽完一根煙，電視沒有畫面……無所謂，當你穿上 Pablo & Delia 的黑色絲質雪紡西班牙禮服，戴上面紗和成串手鐲，派對便開始啦！

↑ **David Bailey 攝，1974 年 8 月**

Jean Muir 單排扣亮片禮服，宣示了時尚界的思變意向。裙襬向下微微展開，長度迷地，而帽子也是必備品。在模特兒 Marie Helvin 的詮釋下，這身現代又閃耀的衣裝顯得如此完美。

→ **Alex Chatelain 攝，1986 年 6 月**

Yves Saint Laurent Couture 這件圓點網裙和服貼的便帽，不禁讓人想到俄國的芭蕾舞者或 Georges Lepape 的時尚插畫。Saint Laurent 曾被評為太熱切於滿足其訂製服顧客的傳統主義需求，但這道影像的恆久性或許可以說服我們：他的直覺一直是正確的。

設計師 Adam Entwistle 以非常寫實的方式表現裝飾主題。當他接下《VOGUE》的委任，設計一款黃金禮服時，說服 Sally Turner 製作一款新藝術風格的金色皮革面孔，作為自己這件流光金緞禮服的裝飾元素，重現頹廢時代。

Alexander McQueen 曾有段時間暫駐 House of Givenchy，或許這並不是他最樂於接受的工作，但從這件有著帕角裙擺的亮片探戈禮服，卻看得出他在五年之後、自立門戶的經典服裝秀「解放」（Deliverance）的靈感線索。這場秀取材薛尼·波勒（Sydney Pollack）的電影「他們射殺了馬，不是嗎？」（They Shoot Horses, Don't They?）。McQueen 對三〇年代經濟大蕭條時落魄之美的迷戀，反而更強化了這件禮服的精緻工藝與美麗。

這位八〇年代的時髦女郎正在用拳頭發聲呢！在這則名為「通宵」（Straight through to Midnight）的時尚故事中，掌鏡的澳洲裔法籍攝影師不將焦點放在 Chloé 這件串珠與水鑽傾瀉而下的精巧禮服，反而著重模特兒 Lynne Koester 的天生特質。作為二十世紀女性主義的研究題材，它的確揮出了有力的一擊。

↑ **Tom Munro 攝，1999 年 1 月**
在這個世紀的尾聲，大家都有所期許。在「光
明的未來」（Light Future）裡，Maggie Rizer
在白色的影子中閃閃發亮——嗯，嚴格說來應
該是銀色吧——這身炫目的 Versace 雪紡鍊甲
（chainmail）洋裝，以超低胸口散發出超強電
力。這位沉睡的時光旅人不著痕跡地穿越時空，
從美好年代直抵嶄新的千禧年。

→ **Mario Testino 攝，2008 年 10 月**
有些影像的熱度即使已從檯面上消失了，卻始終
能讓想像力延燒不墜，Kate Moss 那獨樹一幟的
風格與其所詮釋出的細膩訂製服氣息，便是最佳
例證。這件 Armani Privé 設計的鑲了銀色珠子的
魚尾洋裝，靈感源自二○年代帶點邪氣的優雅，
與模特兒自己那件褪了色的陸軍外套與徽章構成
完美的平衡。

↑ **Patrick Demarchelier 攝，1987 年 10 月**
「聖羅蘭的現代精神，揉合了他所有時髦的設計，以及莫札特《魔笛》裡的女捕鳥人帕帕基納（Papagena）那般令人愉悅的特性。」《VOGUE》熱切地評論這套肆無忌憚的黃色洋裝。加拿大超級模特兒 Linda Evangelista 也準備好向我們搖擺她的羽毛尾巴了，好一場別開生面的派對啊！

→ **Nick Knight 攝，2007 年 12 月**
星形刺青、敞篷福特野馬跑車（Mustang）與 Escada 的加州黃禮服，將 Sienna Miller 改造成《VOGUE》的聖誕新星，她已蓄勢待發，要踩下油門直抵好萊塢了。不過現實情況就沒那麼精彩：《VOGUE》造訪她位於西倫敦區的住所，發現她棲身於閣樓，還被成堆的鞋盒包圍著，Miller 卻帶著這個年紀滿不在乎神態說：「我才二十五歲嘛！」她的陳述讓八卦報紙的記者豎起

了耳朵：「我有的是時間，喜歡跑大小派對，也熱愛我的工作。」不過這個有雙狂野大眼的女孩常被誤解，她澄清：「我可不想要一夜情喔，我喜歡愛著一個人的感覺。」

「穿著 Tom Ford 為 YSL Rive Gauche 所設計的透明粉紅色禮服，跳一整晚的狐步舞。」這件低腰平織禮服有著裝飾風格的細節，但在 Ford 的巧奪天工下，成了一襲性感傑作，它朝著肚臍方向岔開，透明得讓人驚心，並沿著跨下的菱形收攏。這舞步可是很快的，最好先確定你跟得上囉……

《VOGUE》以 Dolce & Gabbana 鑲有 Swarovski 水晶的及地雪紡禮服，再披上兔毛披肩，演繹出絕妙的頹廢穿搭。消褪的色調、貴重的裝飾與令人愛不釋手的魅惑感，皆為其增添了歷久不衰的鄉愁氛圍。

大戰後的服裝業曾在倫敦的維多莉亞與亞伯特博物館（Victoria & Albert Museum, V&A），以大型展歡慶訂製服業黃金年代的到來，《VOGUE》亦與該館共同戮力，呈現當季最奢華的創作。倫敦的知名景點皆在拍攝清單之列，連地下鐵、博物館的幕後工作空間也入列，在這張照片中，Jessica Stam 身穿 Atelier Versace 鑲了珠飾的魚尾禮服，

試著從倫敦契斯維克（Chiswick）專業搬琴公司 G&R Removals 成堆的迷你平台鋼琴裡走出來。

modern

現代主義禮服

　　說起現代主義時尚一詞，肯定會讓人覺得矛盾。時尚若是缺乏新奇的想法，會是什麼樣的景況呢？而且，真正的創新通常都要到多年後才會被欣賞，當下看來才氣橫溢的作品，待一段時間沉澱之後，可能便覺得變得古怪、格格不入。

　　因此，要怎麼定義現代禮服呢？

　　在時尚界，有時它意味著巨變，一種全然不同的形象與手法。Christian Dior 於 1947 年提出的「新風貌」，便帶領戰後巴黎走入束緊腰圍、誇大裙擺的風潮，扭轉了時尚的標竿，而 Cristóbal Balenciaga 如汽球般的造型走的也是類似剪裁，卻毀譽參半。這些禮服均出自具有前瞻眼光人士之手，他（她）們深信，世界終將以一種嶄新的角度來看待衣著和訂製服形式。

　　有時候，禮服本身就與眾不同，是一種裁縫或技巧上的極致展現。這一章網羅了 Junya Watanabe 自 2000 年起推出、令人激賞的科技摺紙（techno Origami）禮服，以及 Hussein Chalayan 在幾何剪裁上的天賦，還有 1999 年 Alexander McQueen 以工業機器人所「設計」的大膽用色，當時不絕於耳的掌聲甚至造成演出中斷（參見 271 頁）。

　　再者，Coco Chanel 絕對會同意這種說法：有時在禮服的簡潔之美中也能看到現代感。雖然最現代的設計所使用的技法也是最複雜的，但有時最突出的造型往往也是最多餘的。英國黛安娜王於 1994 年替《VOGUE》拍照時，穿著一件簡單的 Valentino 紅色繫頸禮服（三年後在她的逝世紀念專題中刊登了同一張照片），傳遞出的訊息十分明確：在這裡，她是位實實在在的「現代」王妃，沒有因皇室特權而生的嬌衿，拋開來自頭銜的配飾（不戴頭冠，也沒有閃閃發亮的鑽石），而這張照片成為現代皇室肖像的典範。同樣地，Cecil Beaton 於 1950 年詮釋「典雅」一詞時，選擇了 Paquin 黑白條紋禮服闡明自己的觀點，六十年過去了，這身衣著至今看來仍如此新穎，印證了真正的現代感是不受時空限制的。

　　不過，當代風格必須經得起挑戰，《VOGUE》向來將新潮、甚至古怪的想法兼容並蓄，使得這本雜誌以多樣的方式，激勵著讀者穿著 Christian Lacroix 的羅賓漢綠絲絨昂首闊步，以擁抱特質的心情嘗試 Jean Paul Gaultier 的圓錐胸罩禮服，並用實驗的態度嘗試 Lanvin Couture 那極度誇張的雲裳衣。即便這些禮服一點也不實際，《VOGUE》始終站在第一線，向這些想法的開創性與執行力致敬。

　　《VOGUE》英國版始終鼓舞著這個國家狂想風格中最獨樹一格的部份，推動時尚啦啦隊為無數各行其事的天才們加油，他們出身時尚學院科班（多半來自倫敦中央聖馬丁學院[Central Saint Martins College of Art and Design]），少了它，全球時尚工業恐怕早就瓦解了。這番赤誠滋養了時尚新生代，亦守護時尚的未來，因為，只有當下時代的心靈能夠領會，最好的作品才會降臨。

→ **Horst P Horst 攝，1986 年 11 月**
為慶祝時尚攝影師 Horst 八十大壽，以及他以許許多多戲劇性的燈光效果與無可比擬的視覺影像為《VOGUE》效力近五十年。此次他的任務是在捕捉「社會的新中堅份子」（The New Pillars of Society），側影強烈、有稜有角且如雕像一般，尤其是透過 Versace 那帶著波浪裙邊的黑絲絨圓柱禮服，以及絲質塔夫綢與歐根紗裙身所投射出的陰影。「我喜歡將優雅視為肢體與心智皆高貴的一種形式，但這絕非自命不凡。」攝影師如是說。

← ← **Norman Parkinson，1957 年 12 月**

一身鮮紅的女人向來是很受歡迎的時尚主題，這些邊開著玩笑、邊前往參加聖誕舞會的女生穿著天竺葵紅的禮服，由左起依序為 Ronald Paterson、Victor Stiebel、Michael Sherard、Hardy Amies、Norman Hartnell 所設計，最右邊還是 Michael Sherard。每件都在艷麗中散發各自的活力與淘氣，搭不搭配高跟鞋皆可。

↓ **Patrick Demarchelier 攝，1997 年 10 月**

這個封面出自戴安娜於當年 8 月車禍身亡後數週印行的紀念專刊，而這張照片其實是 1994 年的封面照，《VOGUE》以此向戴安娜表示敬意，同時讚揚她那深入人心的風格：「衣著是她的字彙，讓她在有生之年，得以從支吾其詞者搖身一變，成為口條最流利的時尚發言人。」她在這張照片中穿上 Valentino 的紅色禮服，拾棄累贅的飾品，散發出燦爛脫俗的氣息。

↓ **Emma Summerton 攝，2009 年 12 月**

「有哪個地方，比得上站在英格蘭蘭肯特郡多佛鎮（Dover）那飽受風霜的白色峭壁上，更能展現冬日最大膽的色調？」問問《VOGUE》吧！紅是冬日最果敢的色彩，這些朱紅色晚禮服在周遭荒蕪的白色景致襯托下，呈現出超現實的太空時代感。設計者由左起分別為 Jean Paul Gaultier、Chanel 與 Victoria Beckham。

→ **Peter Lindbergh 攝，1989 年 9 月**

新的季節氛圍在此特別向羅賓漢致意，他具備了領袖男孩的氣質與一定程度的海盜魅力。無疑地，Christian Lacroix 這身行頭──岔開至腰間的騎士鮮紅絲質綢緞禮服，戴著鍍金十字架（上頭鑲滿了人造寶石）與高至大腿的長靴──絕對能成為眾所矚目的焦點。

↑ **Sheila Metzner 攝，1986 年 3 月**
Christian Lacroix 此時為 Patou 的工作室效力，在崇尚優美形體的訂製服季，他創作了這襲「以黑白圓點圖樣，呈現容光煥發的熱鬧幻想」。禮服上的抓綹（ruche）、裙擺與蝴蝶結，都是這位年輕設計師為 Patou 帶來的創作火花，不過這些亮點搭配大型鑲鑽圓圈耳環與塔狀帽顯得有些太多，因為這身衣服其實已經營造出完美的對稱。

↑ **René Gruau 繪，1955 年 3 月**
對巴黎來說，服裝線條意味「不是像直線形的 I，就是像三角形的 A」，而 Christian Dior 這位新風貌形象大師，顯然是後者陣營的代表人物。誠如《VOGUE》所言，他的衣著風格「對我們大多數喜歡透過專家、將自己的時尚想法付諸實現的人來說，有著很強的感染力，因為我們很忙，對自己的時尚觀念也有些沒自信，或是對自己需要『整治』一事心知肚明。」Christian Dior 於此獻上一襲黑色羅緞晚裝，裙身從臀部豐盈蓬起，再配上幾乎一樣寬的黑色圓盤帽。

→ **Peter Lindbergh 攝，1984 年 9 月**
「根本是兩個甜筒嘛」，這是《VOGUE》冷眼觀察 Jean Paul Gaultier 狂野又無禮的橙色絲絨馬甲禮服後給的評語，它滿是抓綹，加上魚骨以及「那在不合理點上的纏繞」。一些象徵設計新浪潮的人才在八〇年代中期逐漸崛起，Gaultier 被評為「樂於作怪，常有驚人之舉」。如此讓人無法招架的挑逗視覺，使得 Gaultier 與當時的新生代流行歌手瑪丹娜一拍即合，差不多五年後，她在「金髮雄心」（Blonde Ambition）巡迴演唱會中，便穿了他的圓錐狀胸罩助長聲勢。

← **David Sims 攝，1996 年 1 月**

Linda Evangelista 穿著的是 Yves Saint Laurent Rive Gauche 粉紅緞飾黑絲絨緊身禮服，還有誰能比她更具現代感？即使這件衣服堪稱經典，但她那漂成淡色的飛機頭與釉色般的唇彩，增添了更加閃耀的現代感。顯然，這位女士需要有人替她再倒點酒了。

↓ **攝影者不詳，1927 年 5 月**

這次的焦點完全在背後。法國設計師 Jeanne Lanvin 的黑白塔夫綢洋裝有著像蝴蝶般的大結，沿著脊椎處還安排了細緻裝飾。此時，夏天的腳步近了，《VOGUE》為這番創意與技巧予以喝采，因為它讓人喜愛到無法自拔。

↓ **George Hoyningen-Huene 攝，1931 年 4 月**

身為二十世紀最能啟發人心的攝影師與戰地記者之一，我們在這張照片中看到 Lee Miller 早期擔任《VOGUE》模特兒的身影。很難想像如此一位女性主義先鋒，竟也有這般上流社會少女初入社交界的迷人形象。唯一可以聯想到的，是她這身出自 Jeanne Lanvin，閃耀著巴斯克藍（basket basque）、看來「不同一般」的黑色晚禮服吧！

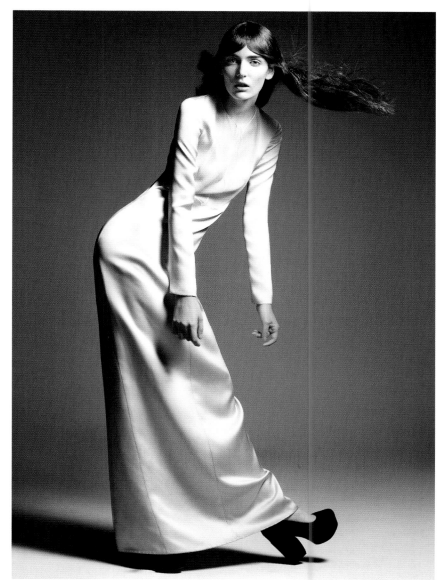

← **Paolo Roversi 攝，2000 年 2 月**
在這張前衛的照片中，英國演員蒂姐‧絲雲頓（Tilda Swinton）以 Hussein Chalayan 充滿立體感荷葉細褶的禮服，帶給我們畫作般的靜置感。這位土耳其暨塞浦路斯裔設計師於 1978 年被迫移居英國，以極簡美學見稱，而身為電影專業人士的蒂姐‧絲雲頓出身劍橋大學，她的實驗主義感知亦廣受好評，兩位湊在一塊兒，可說是交相輝映的一對完美組合。

↑ **George Hoyningen-Huene 攝，1933 年 6 月**
這襲 Maggy Rouff 設計的禮服，興許結合了俐落、空氣感的白色元素與「浪漫的愉悅觸感」，但在 Hoyningen-Huene 的鏡頭下，這些交錯的蟬翼紗與打摺的薄紗顯得裝飾感強烈，氣氛靜謐。

↑ **David Sims 攝，2012 年 3 月**
修長的線條、絲緞布料與加長袖子，使得 Calvin Klein 這件及地禮服依然保有其輕鬆自如與令人摒息的簡潔風格。波蘭籍模特兒 Zuzanna Bijoch 凝視的眼神如此謎樣，但整體營造的典雅感明白確鑿。

↓ 作者不詳，1925年10月

現在或許很難想像，裁縫革命是由Coco Chanel 所發起的。這位設計師原本是名貧困的修道院女孩，歷經了小酒館歌手、情婦與女帽產銷商等身分，最後在巴黎康朋街（rue Cambon）成立了訂製服工作室，六年後她便成為《VOGUE》的焦點人物，但她早已因其強調的休閒服裝、男性化裝飾細節及惡名昭彰的銳氣，在時尚界燃起了火焰。在此，她傳遞出之後成為其工作室風格的意象：一款輕鬆披穿、以輕軟細緻的慕絲琳薄紗（mousseline de soie）製成的黑色洋裝，纖細的質感因為「風一般的流動性」而顯得特別柔和，結構性的剪裁被認為是最重要的關鍵。依《VOGUE》的觀察，「幾季下來，對剪裁的要求越來越明顯。到了今天，新推出的最佳作品都會運用剪裁強化體態線條，讓穿著的人更高雅、更有型。」

→ Angelo Pennetta攝，2012年5月

近一個世紀後，Chanel的試衣間仍在Coco Chanel的目光下運作著，因為她的肖象就高掛在Karl Lagerfeld的桌後。雖然許多工作室的主題維持不變，Lagerfeld仍在重新詮釋、運作與想像這些經典上盡情揮灑才華，加上以更現代的創新方法，為這個品牌帶來極大商業成就。在這張照片中，Karlie Kloss正為一場預先發表的訂製服秀試衣，她穿著一件白色絲質薄紗蓋肩袖禮服，上頭還繡了淺藍色花瓣亮片。

← Tim Walker 攝，2011 年 4 月

線條圖案能立即創造大膽、明亮又有現代感的效果，一如畫家皮特・蒙德里安（Piet Mondrian）或布莉姬・萊利（Bridget Riley）的作品。時尚界亦然，條紋使情境活化了，也讓感覺更鮮明，無論是布列塔尼水手式橫紋，或是這張照片所呈現的樣式，這件 Vivienne Westwood 緞面汽球裙洋裝，運用的是五朔節花柱（maypole）般的明亮線條。

↑ Wayne Maser 攝，1997 年 2 月

《VOGUE》為讀者呈現的設計師，均以他們強烈的個人風貌與勇往直前的氣勢，讓時尚界始終感到新鮮刺激。這個春季最耀眼的明星之一，便是隱世的日本設計師 Yohji Yamamoto，打從他於 1981 年舉辦第一場服裝秀時，便深深吸引了時尚界的知識分子。「Yohji 以引人注目又奇妙的作品展現他的才氣，為二十世紀傑出訂製服獻上心力。」雜誌在介紹這件引人入勝的鮮黃色晚禮服時如此描述，「一如以往，他在詮釋訂製服上卓越的觀點並非來自書本……而是在過去的時尚中發崛未來的設計。」

↑ Norman Parkinson 攝，1965 年 9 月

迷濛之中，模特兒身著 Lanvin 寬鬆的半透明網紗，上面綴滿銀絲帶，還有一個以黃色絲質斜紋防水布（gabardine）製成的蝴蝶結。「它結合了罕見的俐落手法與訂製服的敏銳精確。」只要確認她不會飄走就好。

↓ **George Hoyningen-Huene 攝，1928 年 8 月**

這張照片記錄了權勢階級的華麗登場——俄國名媛 Lady Abdy 抵達巴黎的海底大型舞會（Fond de la Mer Ball），「那可是當季盛事呢，」《VOGUE》這麼稱頌著（不說一般人並不知道），Lady Abdy 的戲服徹底展現了海洋霧景：「偌大的琥珀色汽球被灰與綠的雲彩般薄紗遮掩了」，它飄浮至大約銀色扇貝頭飾的高度，禮服則以閃閃發亮的白色緞料製成。

↓ **Helmut Newton 攝，1966 年 10 月**

顯然，《VOGUE》也感受到這股狂熱的樂觀主義了：「披頭四是最受崇拜的樂團、化妝品牌創辦人瑪莉官（Mary Quant）獲頒大英帝國勳章（Order of the British Empire, OBE）、英國贏得世界盃足球賽冠軍、茱莉‧克莉絲蒂（Julie Christie）榮獲奧斯卡、安迪‧沃荷（Andy Warhol）畫了肥皂盒 Brillo Boxe、詹姆斯‧龐德（James Bond）的電影大排長龍……」倫敦之外的世界因人類更接近月球而痴迷於這場太空競賽，時尚界亦深受種種星際事件所啟發。Paco Rabanne 的這件太空禮服是銀色鍊甲製成，直指時代精神，亦展現對未來的熱切信念，《VOGUE》驚嘆著：「從來沒有過這麼多的選擇與契機。」

→ **Tim Walker 攝，2007 年 2 月**

Hussein Chalayan 這襲閃爍的泡泡洋裝，結合了 Swarovski，在工程上的要求並不亞於女裁縫的技藝。它的創作靈感源於超現實畫家馬格里特（Magritte），由 Walker 掌鏡拍攝，Coco Rochas 擔任模特兒，歡慶維多利亞與亞伯特博物館當年的「超現實事物」展覽。《VOGUE》在觀察這件奇特作品時表示：「時尚再次發現自己與藝術產生碰撞，沒有任何事物能做到這樣。」

← **Nick Knight 攝，2006 年 11 月**

2006 年 香 檳 品 牌 Moët & Chandon 舉 辦 了 化妝 舞 會 ， 作 為 攝 影 師 Nick Knight 的 獻 禮 ，《VOGUE》亦邀集設計師創作令人驚心又合宜的舞會禮服，好盛裝赴會。Stella McCartney 獻上這件銀色錦緞製成的星際風時髦禮服，在集結了彩妝藝術師 Val Garland 的金箔面具和 Kate Moss 的詮釋下，效果肯定令整個宇宙都激賞。

↑ **Herb Ritts 攝，1988 年 12 月／ 1989 年 10 月**

Ritts 對於光線與動作的控制可謂爐火純青，將影像勾勒得如此精彩。在左上方這張照片中，傾瀉的水流讓光線穿透 The Emanuel Shop 的水銀絲質禮服，將模特兒渲染成彷若星際間的女神。而右上方的這張照片，單一光束讓模特兒 Tatjana Patitz 儼如聖女貞德（Joan of Arc），在 Issey Miyake 金屬感百褶裝的映照下，既英勇又泰然自若。

↓ **Arthur Elgort 攝，1996 年 8 月**

在「視覺活力」（Optic Verve）中，Gianfranco Ferré 這身條紋晚禮服，對應著白色的希臘背景，展現圖像的魅力。黑與白被視為因應夏季熱浪最大膽的設計王道：創新的裙長「以直裁的方式，搭配精細的縫製手法……看起來可是絲毫不馬虎的。」

→ **Tim Walker 攝，2005 年 11 月**

瘦削的模特兒 Stella Tennant 擁有貴族血統，替《VOGUE》所拍的這張封面照有「英國魅力之作」的聲譽。Neil Cunningham 設計的斜裁色塊山東綢禮服，在跳馬桿的襯托下更加突顯現代馬術的優雅特質。

← **Craig McDean 攝，1996 年 10 月**
Christian Lacroix 緞面禮服雕像般的硬挺質感，讓我們聚焦在這位訂製服設計師的卓越功力。僅管這件作品以十分傳統的工藝手法製成，卻可由其挑逗的裸背看出現代感，線條由胸口一路流瀉到腰椎，再直落至腳邊。

↑ **Helmut Newton 攝，1957 年 8 月**
這件 Fredrica 於四十年前所設計的新款露背裝，挖得也許沒有多深，誘惑力卻是百分百：穿著這件莊重、修長、前有高領口的毛料晚宴服，置身於英格蘭康柏蘭恩（Cumberland）玫瑰丘（Rose Hill）的這座義大利陽台花園，靜候著秋日的到來。

↑ **Carl Erickson 繪，1934 年 3 月**
插畫家受任捕捉巴黎最優秀訂製服裁縫師們於「服裝秀開場最後倒數幾小時」的繁忙景況：「他以極快的速度為這些師傅的樣貌打輪廓，他們在工作室中十分興奮，讓模特兒們穿上這些定版的服裝。」Jean Patou 此時盤著雙腿坐在地上，細細檢視這件寶藍色縐綢長禮服的最後修改效果。
「我不喜歡女人看起來像宙斯之妻朱諾那樣散發著媽媽味，而是要像月神黛安娜那般才好。」Patou 如是說，「她們該是活力十足又有朝氣，而且一定要抬頭挺胸。」這位設計師對令人振奮的新客戶也投入很多心思，他繼續說著：「我始終記得第一次替電影女演員們展示服裝的情景，那是通往未來的新階段，因為電影是表現衣裝的非凡媒介，這讓所有法國訂製服工作室莫不興致高昂。」

↑ Brian Duffy 攝，1961年6月

儘管氛圍不同了，《VOGUE》仍堅持每個人的夏裝都得有新時代的態度，自在又有活力。在這張題為「記得買牛奶回家」的影像裡，一大清早，Duffy（他 與 David Bailey、Terence Donovan 被 Norman Parkinson 稱 為「邪 惡 三 位 一 體」[Black Trinity]）便在《VOGUE》位於倫敦漢諾威廣場（Hanover Square）的辦公室外發現了這幾位徹夜狂歡的賓客，女孩身上的晚禮服分別出自 Victor Stiebel、Frank Usher 與 Jean Allen（由左至右）：「三個晨歸的狂歡女子讓人看得目不轉睛，連停車計時器也忘了時間。」

→ Horst Diekgerdes 攝，2007年5月

這件晚禮服出自德國極簡主義者、人稱「簡潔之后」（Queen of Less）的 Jil Sander 的工作室，其實是在 Raf Simons 主導配件設計的創意時期所完成的。為維持品牌奉行的乾淨側影與高雅的簡潔感，設計師採用鮮活的色彩，即照片中所看到新鮮又可口的蘋果綠，營造出最強的衝擊力。

← ← Mario Testino 攝，2007 年 6 月

為慶祝倫敦服裝秀中風格各異又充滿活力的眾多傑出作品，以及倫敦時尚週（London Fashion Week）成立二十五週年，《VOGUE》透過倫敦市區數間相距甚遠的工作室，展開一段漫長的冒險旅程，範圍從東區戴爾斯頓（Dalston）的主要大街，到中區金碧輝煌的梅費爾（Mayfair）廣場。東倫敦是這群新生代的據點，由 Jonathan Saunders、Christopher Kane 和 Giles Deacon 帶領。在這張照片中，來自桑德蘭（Sunderland）的 Gareth Pugh 在自己的工作室替科技時代的黑色小洋裝（Little Black Dress）開創新局。這位年方二十五、弱不禁風的設計師被形容為像是變魔術般，「在一個偌大又溼冷的水泥空間中，塑造他網狀的哥德式奇幻世界，而這個地方只有兩個插座能用，還沒有暖氣呢！」

↓ Nick Knight 攝，2004 年 9 月

Gemma Ward 穿著的是 Alexander McQueen 爬蟲鱗片印花雪紡洋裝，當中穿插著皮革，所有陳設均與攝影師 Rachel Winfield 的電子發光影像形成對照，其效果對設計師而言既狂亂又諷刺，因為他在這一季的意圖是「揚棄所有戲劇化元素，純粹關注設計」。

→ Craig McDean 攝，2006 年 12 月

時尚界的傳奇畫面：在 Alexander McQueen 於 1999 年那場具突破性的春夏時裝秀中，模特兒 Shalom Harlow 穿著靴子，站在一個轉動的圓盤上，兩側的工業機器人朝著她那身白色禮服噴灑螢光黃和黑色的顏料。在他層出不窮的構思中，這場秀提出了時尚、藝術、商業與製造面向的問題，更以精心安排的舞台表演添加了探討元素。這張照片中的洋裝再次於《VOGUE》中出現，由 Gemma Ward 穿著這件依舊潑灑著顏料的傳奇之作。

← **Mario Sorrenti 攝，2012 年 3 月**

這到底是件洋裝，還是個飛起來的碟子？在這幀高度實驗性的攝影作品中，衣服成了物體，愉快地沉浸於前衛設計的復活。印度設計師 Manish Arora 為 Paco Rabanne 所推出的初試啼聲之作，他以這件絲質洋裝，把眾人迷得暈頭轉向，《VOGUE》表示：「設計概念是高飛且不對稱的線條，整體設計讓身心都美化了。」

↑ **Arthur Elgort 攝，1988 年 4 月**

在此宣揚實驗主義的主題。Yves Saint Laurent 受法國立體派之父、畫家喬治·布拉克（Georges Braque）的啟發，創造出這對用紙剪出的鴿子，裝點在極簡的白色絲質新娘禮服上，卻讓這位現代感的新娘，急於在「激勵人的色彩與戲劇感」、浪漫和「洋洋得意的純潔風格」之間找到平衡點。

↑ **Peter Knapp，1971 年 9 月**

現在寬鬆感當道。Pierre Cardin 的塔夫綢花形禮服「小小的頂端褶縫，底下卻撐起大大的蓬蓬裙。穿著櫻桃色的這件禮服在吃晚餐時，記得要先把花瓣般的領子剝開，才能看見鄰座是何許人也！」

↑ **Irving Penn 攝，1959 年 12 月**

「多麼隆重的降臨啊」，《VOGUE》這麼形容 Madame Grès 這身斗篷式洋裝。Madame Grès 對於時尚工業受限於商業考量，以及長久以來加諸於成衣（prêt-à-porter）的罪名十分不滿，她曾獲頒法國榮譽勳章（Légion d'honneur），以表彰其在二次世界大戰的愛國行徑。她特出的處世態度與獨立精神（即使自己工作室開發的香水，也被她命名為 Cabochard——意即「豬頭」）在這件作品中一覽無遺：在潮流追求俐落剪裁的五〇年代，她卻選用了超大尺寸的汽球造型。

→ **Henry Clarke 攝，1951 年 11 月**

泡泡裙、汽球外套和布袋形洋裝的創造者、西班牙設計師 Cristóbal Balenciaga，徹底變革了女性衣著的風貌，他的激進設計手法亦激發出許多靈感。1951 年，他以加寬肩線、不著重腰圍的方式，改變了女性的側影，創造出戲劇化的「吹飽氣」的新外型，這對追求純粹漂亮裝扮的女性來說不啻為一種挑戰。這件汽球裙擺的黑色塔夫綢禮服擁有寬大的衣領與袖口的紫色絲絨外套，是說明設計特色的上好範例。

← **Bruce Weber 攝，1982 年 9 月**

「針對積極潛行的力量，能說的可多著了，」這是《VOGUE》對 Saint Laurent 這件以鼓起的藍色緞面袖子包覆的黑絲絨合身禮服的評語。「在此，我們看到的是一件隆重又亮眼的衣裳。」但還沒完喔：「可是你沒必要追求如此登峰造極，所謂風格與生活，應該比它簡單多了。」

↓ **Patrick Demarchelier 攝，2005 年 10 月**

近五年來，巴黎的訂製服作品大量採用奢華布料與款式。Christian Lacroix 這襲禮服與斗篷便以黑綠色的硬式女公爵緞（duchesse satin）製成，搭配鑲了寶石的腰帶與鞋子，極度雍容華貴，但可能有人覺得，這位女神是不是有愛爾蘭情結呢？

↑ **Norman Parkinson 攝，1957 年 9 月**
五〇年代末，倫敦已逕自發展為具有權威地位的設計之都，「因為外來的影響實在太少了」。這裡所展示的晚裝重點擺在蕾絲，修長的柱形舞會禮服質地優美，設計師從左開始分別為 Worth、John Cavanagh、Ronald Paterson、Hardy Amies、Victor Stiebel、John Cavanagh 與 Norman Hartnell。而展現英國設計更經典的方式，便是由倫敦東南方的羅瑟希斯牆（Rotherhithe Wall）順著河向下望，遠眺倫敦塔橋（Tower Bridge）這座經典地標。

→ **Bill Silano 攝，1963 年 6 月**
若你發現這幅影像與希區考克剛上映的驚悚片《鳥》（The Birds）有巧合之處，毋須大驚小怪，因為此時，全世界都為片中那位女主角蒂琵·海純所傾倒，她也順勢成為即使衣衫不整也不失優雅的新海報女郎。Silano 鏡頭下的這位女主角不再面臨威脅，也沒有穿著片中她鍾愛的裙子套裝和高領毛衣，反倒選了件 Clive Evans 的「青銅色條紋亞麻高腰連身長裙。」

Jean Patou 設計的這件緊身洋裝搭配了魚尾裙擺，須以難度甚高的姿態及奉行更苛刻的節食法方能駕馭，因為它的腰圍只有二十吋那麼小。據《VOGUE》了解，設計師在製作這件衣服時，靈感源自古希臘塔納格拉（Tanagra）石像上的織品，再依當下流行尋求「完全包覆的樣貌」，製成了這件晚禮服。

↓ **Adolph de Meyer 攝，1917 年 11 月**

1913 年，de Meyer 成 為 了 第 一 位 被《VOGUE》指派的正式時尚攝影師，以拍攝與這本雜誌調性相當的名人、皇室和藝術家等為主，de Meyer 因此被攝影師 Cecil Beaton 譽作「攝影師的德布西（Achille-Claude Debussy，譯注：法國作曲）」，他亦是當年收費很高的一位，有些沖印作品在二次大戰後幸運地被存留下來，這張照片開了裁縫一個玩笑，「在紐約一家店裡，有位藝術家決定要設計一些禮服」，畫面呈現出一件「讓人完全無感的西裝背心」，如何變成「黑絲絨洋裝中的要角」。

↓ **Cecil Beaton 攝，1936 年 2 月**

為了籌備紐約的「蕾絲舞會」（Lace Ball），倫敦和巴黎的工作室都忙得不可開交，每間工作室都不辭勞苦地滿足客戶們的需求，希望能因此超越對方。不消說，Mrs Heneage 絕對會想要穿著Yda Irvine 這件長禮服轉身旋轉，它的特色便是圍繞著裙擺的那一排貼花黑蕾絲。

← **Corinne Day 攝，2003 年 1 月**

這是個針對極簡主義的習題：Hugo Boss 的單件式黑色繫頸禮服，幾近走光的超低剪裁，適合有海妖般窈窕身段的人穿著，攝影師 Corinne Day 則以慣用的輕描淡寫手法拍攝。穿上它，就別想要穿戴珠寶和內衣了，連刺青都不行，唯一可增添的，只有那若無其事的氣氛。

↑ **Norman Parkinson 攝，1965 年 9 月**

有時，女孩想要的就是這些：黑白絲帶交織構成迷幻的視覺，創造出振動著的圓圈，葉狀鴕鳥毛，還有緊身寬擺連身裙。若義大利設計師暨實驗主義者 Roberto Capucci 這件「狂野的新絲帶作品」湊齊了這麼多元素，我們還能說什麼呢？

↑ **David Bailey 攝，1968 年 3 月**

《VOGUE》經由巴黎服裝秀，展開了一趟魔幻般的神祕旅程，證明了「民間傳說、童話、古代卻又沒那麼老」的感覺，是如何被轉譯成 1968 年春季的時尚語言。空氣中瀰漫著政治革命的氣氛，大規模社會動盪蠢蠢欲動，時尚卻傾向透過更變幻無常的資源，以開拓新的法則。Bailey 的這張照片結合了日本歌舞伎（kabuki）演員元素、Lanvin「像祕密般漆黑、像蝙蝠一樣寬」的禮服，再戴上了 Abraham 以黑色緞帶絲透紗製成、令人著魔的那張面具。

↑ **Paolo Roversi攝，1986年4月**

這是個從天而降的女孩。《VOGUE》預示了一道新光芒，她一身純白，蓬裙鼓得老高。《VOGUE》認為這身象牙白女公爵緞製成的無肩帶及踝波紋絲裙，將在夏季的派對中大放異彩，不過客人們可能會想省去穆斯林頭巾吧！

→ **Mario Testino攝，2007年5月**

荷蘭模特兒Lara Stone成為Jean Paul Gaultier最新謬斯──「穿著天堂般雪紡的聖母」。這件絲質的束褶薄紗高腰連身禮服樣式相當傳統，附加上的銀色肩墊抵消了一點懷舊感。這個訂製服系列走的是銳利的白熾路線。

這件紙作的圍裙洋裝，是由造型師Charlotte Stockdale、助理Katie Lyall、Lyall的媽媽、一名打版師以及八位中央聖馬丁學院的學生，特地為《VOGUE》所設計製作的。Stockdale想用手工的方式製作紙道具以呈現當季的新配件，而這項設計的特色在於圓形紙裙撐，它以二十七張紙製成，腰圍以上的部位靈感則來自二〇年代的工作服。「我喜歡這種有卡通感又誇張的方式完成某件事的想法，」Stockdale解釋著自己煞費苦心的嘗試，「不過我不知道工人在工作時是什麼狀況耶！」所以，什麼是當代工作服裡必備的工具呢？名片夾、剪刀、螺絲起子、扳手，銀色的鑰匙鍊也是一定要的啦！

Naomi Campbell是萬綠叢中一點紅，他們群聚於此，是為了歌頌Testino對於「古怪、傳統與次文化」方面的貢獻，因為這些都是典型的英國風格元素。當Campbell以Giles這襲帶著銀色鎧甲與鑲著釘飾披巾的煙燻色禮服，呼喚出如抵抗羅馬帝國的愛希尼王后布迪卡（Boudica）精神時，簡直就是男學生的夢中典範嘛！

↑ **Cecil Beaton 繪，1928 年 2 月**

1928 年，Beaton 畫出這些插畫時，還是一名
《VOGUE》的新手，因為他才加入這個團隊一
年，但在插畫與攝影方面慧黠的觀察力與無庸
置疑的藝術天分，已替自己博得許多讚賞——特
別是在他尤其熱中的圈子裡。Beaton 在這張畫
中凝視著時尚界的水晶舞會，勾勒出一場花俏造
型舞會的未來風貌——那是對當下富二代社交圈
（Bright Young Things）的一種熱中痴迷。他筆
下的人物 Miss May Vickers 迫切地想換裝，好

成為七〇年代的泳者，而 Miss Faith Celli 則被告
知「將會」穿上包覆著雪紡的五〇年代修女戲服。

→ **René Bouché 繪，1949 年 12 月**

Elsa Schiaparelli 閃爍著光芒的綠色緞面晚禮服
「有一片碩大的叢林葉子」，它被社交肖像師與
《VOGUE》插畫家簡化為線條。這件禮服被選為
「讓人振奮、適合各種形式節慶夜晚的六件服裝」
之一，還是唯一一件以插畫方式呈現的作品呢！
Schiaparelli 本身相當景仰的超現實藝術家也肯
定會贊同這樣的處理方式。

← **Cecil Beaton 攝，1950 年 1 月**

在一項針對「優雅」的當代研究中，《VOGUE》以認真的眼光，檢視了其特有的要素。研究提醒：「它相信正當性與應有的嚴謹，是一種聰明的表現，一種德行……可以像愛情一樣充滿感染力。」女伯爵 Alain de La Falaise 便被選為擁有這極難拿捏美德的四位女性之一：「她喜歡大耳環、引人注目的衣服，如 Paquin 這件黑白條紋的魚尾塔夫綢禮服。她會下工夫學習如何穿著打扮。」

↓ **Cédric Buchet 攝，2007 年 11 月**

一股強大的海風，穿透了 Tommy Hilfiger 這件冬季毛衣洋裝，它以大號的紗線（yarn）和線條流暢的喀什米爾羊毛構成一圈圈活潑的迴旋。加入這群編織的行列，一起飛躍吧！

這位露著誘人香肩的不知名年輕女子，身穿閃亮的緞面禮服，一位仰慕者正走向她。二○年代早期的《VOGUE》讀者，都急著想透過這本英國版尋找法式風格的靈感，同時也對埃及事物懷抱極大的好奇心：「時值埃及墓穴開放，其中所藏令人嘆為觀止的奇珍異寶掘出面世之際，沒有一位現代設計師能忽視這股受到全世界關注的潮流。」但比起法老圖坦卡門（Tutankhamun），這張小圖暗示我們，日常生活場景能夠帶給讀者更大的刺激。

「出了巴黎，輕快的里爾舞（reel dance）衣裙旋轉出火焰般的花色──誰會比高大的英格蘭年輕人穿起來更好看呢？」圖左是 Alix（即後來的 Madame Grès）的禮服，「平織緊身上衣下，接縫著層層蓬開的絲綢飾帶」，圖右的 Lanvin 呈現的則是「展現精美的錦緞線條」，再披上黑色狐狸披肩。英國版的《VOGUE》，顯然在三○年代對於皮草工業有著比現今更寬容的立場。

Marc Jacobs 的絲質梯形大黃蜂洋裝也許不會螫人，搭配上直條紋褲襪，肯定能展現更有力的時尚主題。

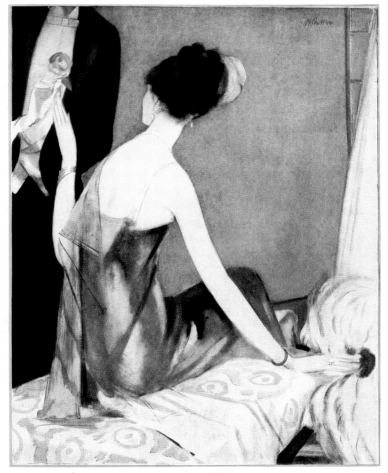

Early May 1923

CONDÉ NAST & CO LTD
LONDON

Price Eighteenpence

← **John Akehurst 攝，2000 年 10 月**

在「夜店」（Night Clubbing）中，經典以轉化的形象呈現。這位夜晚的明星穿著以聚酯纖維（polyester）和歐根紗製成、十分耀眼的「科技訂製」（techno couture）舞會禮服，設計者是出身於 Comme des Garçons 的日本設計師 Junya Watanabe。這件洋裝錯綜複雜的蜂窩結構來自電腦程式的協助，之後再以摺紙的方式輔助整個架構。Watanabe 曾表示，對新科技的痴迷讓他益發堅定地追尋過往，因為透過這種方式，「你可以讓美麗再現」。至於要怎麼詮釋它，就由你來決定囉！

↑ **Mario Testino 攝，2006 年 12 月**

為了向這群塑造我們文化景致的幕後英雄們致敬，《VOGUE》延請了 Richard Rogers 為建築師，讓倫敦貝康斯科模型村（Bekonscot Model Village）風華再現。角落有個小小的人形，在模特兒 Erin O'Connor 面前揮舞著他所籌畫的新世界秩序藍圖，象徵「建築精神」的 Erin O'Connor 則穿了 Hussein Chalayan 以玻璃纖維（fiberglass）製成的迷人飛機洋裝。

↓ **Henry Clarke 攝，1954年3月**

《VOGUE》前往馬德里，以欣賞、探索這快速崛起的歐洲時尚中心。在 Las Cuevas de Luis Candelas 這間「色彩繽紛的小酒館裡，十八世紀的西班牙羅賓漢彷彿正隱身其中。」《VOGUE》發掘了這件 Manuel Pertegaz 黑色塔夫綢、有著膨大泡泡的倫巴晚禮服，讚啦！

→ **Nick Knight 攝，2001年11月**

在英國設計師 John Galliano 獲頒 CBE（中央聖馬丁學院榮譽教授頭銜）之際，《VOGUE》請他的親友們描述一下這位時尚大師（之後這位 Dior 的創意首席也有了自己的品牌），Knight 此時更被指派去捕捉更富新意的樣貌。2000年的訂製服季中，這件特別的洋裝在參考性、影響性與時代感等層面均傳達了豐富的訊息，它囊括了一切事物，從法凡爾賽宮到文化藝術的破壞者，再到

歌舞劇……，要猜測其中寓義恐怕不容易，它彷彿是聰穎又亂成一團的創意心智寫照，即便如此，卻是個很好的範例。

index

picture credits

圖片出處

VOGUE 百年時尚專題系列：禮服

原 書 名／Vogue: Gown
著　　者／Jo Ellison
譯　　者／楊憶暉

總 編 輯／王秀婷
責任編輯／魏嘉儀
版　　權／向艷宇
行銷業務／黃明雪、陳志峰

發 行 人／凃玉雲
出　　版／積木文化
　　　　　104台北市民生東路二段141號5樓
　　　　　官方部落格：http://cubepress.com.tw/
　　　　　電話：(02) 2500-7696　　傳真：(02) 2500-1953
　　　　　讀者服務信箱：service_cube@hmg.com.tw
發　　行／英屬蓋曼群島商家庭傳媒股份有限公司城邦分公司
　　　　　台北市民生東路二段141號2樓
　　　　　讀者服務專線：(02)25007718-9　　24小時傳真專線：(02)25001990-1
　　　　　服務時間：週一至週五上午09:30-12:00、下午13:30-17:00
　　　　　郵撥：19863813　　戶名：書虫股份有限公司
　　　　　網站：城邦讀書花園　網址：www.cite.com.tw
　　　　　香港發行所／城邦（香港）出版集團有限公司
　　　　　香港灣仔駱克道193號東超商業中心1樓
　　　　　電話：852-25086231　　傳真：852-25789337
　　　　　電子信箱：hkcite@biznetvigator.com
　　　　　馬新發行所／城邦（馬新）出版集團
　　　　　Cite (M) Sdn Bhd
　　　　　41, Jalan Radin Anum, Bandar Baru Sri Petaling,
　　　　　57000 Kuala Lumpur, Malaysia.
　　　　　Tel: (603) 90578822　　Fax:(603) 90576622
　　　　　email:cite@cite.com.my

封面完稿、字型設計／曲文瑩
內頁排版／劉靜薏

First published in 2014
Under the title *Vogue: The Gown*
By Conran, an imprint of Octopus Publishing Group Ltd
Endeavour House, 189 Shaftesbury Avenue, London WC2H 8Jy
Copyright © 2014 Octopus Publishing Group Ltd
Text © 2014 Adam Hart-Davis
The author has asserted her moral rights.
Text translated into complex Chinese © 2014, Cube Press, a division of Cité Publishing Ltd., Taipei.
All rights reserved

2014年（民103）10月1日 初版一刷
售價／ NT$2800
ISBN　978-986-5865-69-6（精裝）
版權所有・不得翻印

VOUGE百年時尚專題系列：禮服 / Jo Ellison著；
楊憶暉譯. ~ 初版. ~ 臺北市：積木文化出版：家庭
傳媒城邦分公司發行d民103.10
　面；　公分
譯自：Vogue : the gown
ISBN 978-986-5865-69-6(精裝)

1.女裝 2.服裝設計 3.歷史 4.時尚

423.38　　　　　　　　　　103012310

關於作者

Jo Ellison曾任《VOGUE》英國版的報導總監。她的寫作主題涵括時尚、文化、藝術與攝影，經常為雜誌媒體撰寫封面專訪。基於對《VOGUE》百年歷史發展的高度興趣，她整理了大量檔案資料，並且親自訪問許多了不起的時尚人物，從Norman Parkinson、Grace Coddington、David Bailey到Juergen Teller。
《VOUGE百年時尚專題系列：禮服》是她的第一本個人著作。

關於譯者

楊憶暉，淡江大學教資系畢，曾任職電資館和出版社，現為自由編譯。